JN028630

今と未来がわかる

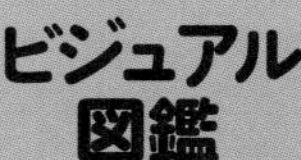

半導体

YouTube
半導体業界ドットコムch運営者
ずーぼ 著

ナツメ社

はじめに

現代は、ハイテク化・IT 化の時代です。スマートフォン、タブレット端末、パソコンはふだんの生活やビジネスに欠かすことはできませんし、テレビ、冷蔵庫、掃除機、エアコンなどの電化製品はより便利で使い勝手のよいものが開発されて、私たちの生活を豊かにしてくれます。クルマは環境にやさしい電気自動車（EV）が普及しはじめ、自動運転の実現に向けて研究が続けられています。さらにロケット開発が進み、宇宙旅行が夢ではなくなってきました。

そんな時代において、ありとあらゆる電子機器、家電、乗り物に不可欠な物資が半導体です。非常に広い分野で利用されており、産業全体の基盤となっていることから「産業の米」とも呼ばれます。本書は、その半導体について解説した入門書です。

ここで著者の自己紹介をさせてください。私は国内の上場企業で働く半導体の現役エンジニアです。工場において、半導体の製造や量産化などの生産工程を設計するプロセスエンジニアという仕事をしています。

専門性が高く複雑で、なかなか説明しにくい職種ですが、だからこそ異業種の方や、これからこの業界に入ろうとする方などに向けて、半導体というものをできるだけわかりやすく伝えたいと思い、ブログやYouTubeチャンネルをはじめました。そのスタンスを変えることなく、本書でも誰もが理解しやすい内容を心がけて執筆しました。

半導体はいまでこそ社会を支える重要物資となっていますが、実は150年ほどしか歴史がありません。

20世紀半ば、アメリカで電気の流れをコントロールするトランジスタが誕生。それからまもなく、トランジスタなどを1つの基板（チップ）にとりつけたIC（集積回路）が発明されます。当時はアメリカが半導体の中心地でした。

その後、半導体を大きく発展させたのは日本です。トランジスタラジオを世に出したソニー（当時は東京通信工業）をはじめ、日本の総合電機メーカーであった日立製作所や東芝、日本電気（NEC）などが高い技術力で高品質の半導体を次々に製造し、半導体産業全体を飛躍的に成長させました。1980年代後半の絶頂期には、世界の半導体のおよそ半分を日本の企業がつくっていたほどです。1990年代以降、日本の半導体シェアは下がり続け、それと入れ替わる形で韓国や台湾といった近隣諸国が台頭。日本は大きく遅れをとり、2019年には10%程度になってしまいました。

そうした日本の事情はさておき、半導体に対するニーズは日増しに増大。2021年にはコロナ禍の影響で、世界的な半導体不足が起きたことは記憶に新しいところです。半導体不足にともなう家電の値上がりやゲーム機の品薄、自動車の納期遅れなどに気を揉んだ方も多いのではないでしょうか。この数十年の間に、世の中は半導体なしでは成り立たなくなっていたわけです。

21 世紀の社会を根底から支え、今後の発展にも欠かせない存在であり続けるであろう半導体。そんな半導体について、あなたはどこまで知っているでしょうか？

最近は先に述べた半導体不足や、アメリカと中国の半導体戦争、世界最大の半導体企業である台湾の TSMC の日本進出といったセンセーショナルな話題が多いので、テレビや新聞などで見聞きすることが増えてきました。しかし、半導体がそもそもどんなものであり、どんな種類があるのか、なぜそこまで重視されるのか、どの国で多く製造されているのかといったことをよく理解していないという方が少なくありません。そうした方々にぜひ手にとっていただきたいのが本書です。

本書は半導体の原理や応用、最新技術から半導体の製造方法、発展の歴史、業界の構造や業務内容までを、ビジュアル要素を盛り込んでわかりやすく解説しています。

まず Chapter 1 では半導体の基礎的な重要事項を紹介。次の Chapter 2 では半導体の基本的な機能である増幅、スイッチ、変換について、どのような原理で実現されているか、どのように利用されているかを丁寧に説明します。

Chapter 3は、半導体のつくり方を解説した章です。長く複雑な工程を経て、半導体が製造されるということを理解していただけると思います。Chapter4では現在の半導体業界の全体像をみていきます。どの国の、どの企業が強いのか、日本の半導体産業がどのように形成されているのかを紹介します。

Chapter 5ではパワー半導体や半導体の微細化など、半導体の最新事情についてまとめました。そして最後のChapter 6では半導体の発展の歴史と現在の国際情勢、さらに日本の立ち位置や現在進められている半導体産業の復活戦略を紹介しています。

半導体の世界は広くて深く、技術もすさまじいスピードで進んでいます。そのため、本書一冊を読んだだけでは半導体のすべてを理解することはできないでしょう。しかし、その一歩目に立つことはできるとお約束します。

半導体に興味のある方、半導体業界に少しでもかかわりがある方、将来業界に携わりたいと考えている学生の方……。そうした方々に読んでいただき、理解の一助としていただけると幸いです。

それでは早速、半導体の今と未来を見に行きましょう！

ずーぼ

もくじ

Prologue　半導体の世界へようこそ

Chapter 1 半導体の基本

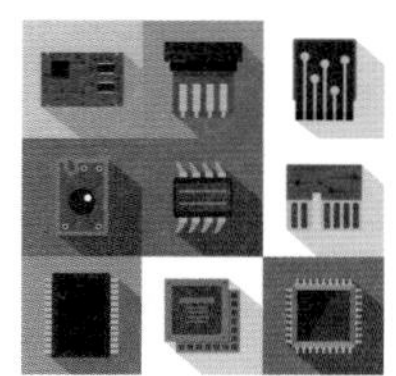

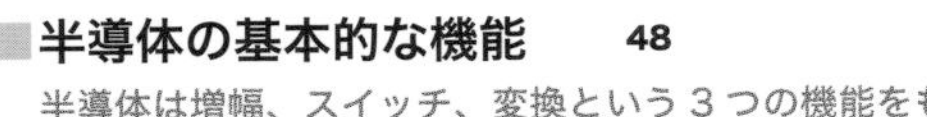

Chapter 2 半導体のしくみ

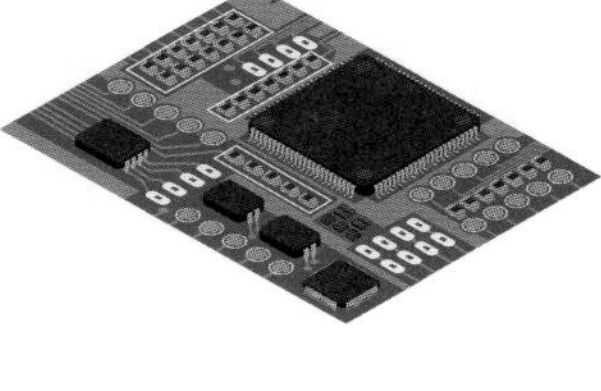

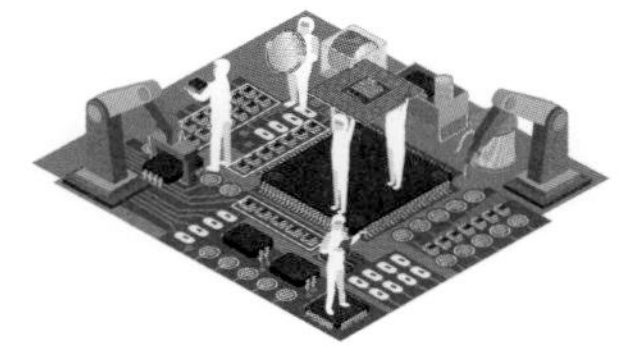

Chapter
3 半導体のつくり方

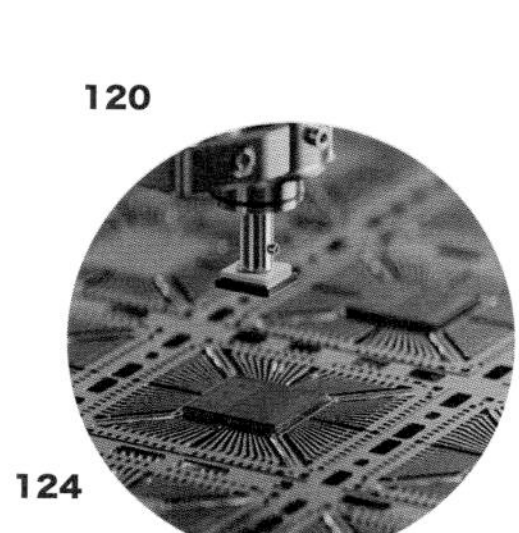

Chapter

4 半導体業界を探る

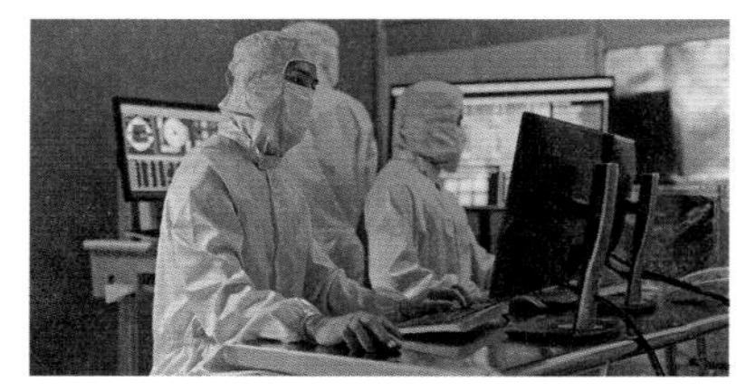

Chapter

5 半導体の最新事情

Chapter

6 半導体の歴史と未来

Prologue

半導体の世界へようこそ

私たちの身のまわりのさまざまなところに使われており、
現代社会を支えている半導体。その重要物資について、何がすごいのか、
どうやってつくるのかといった大枠を紹介します。
半導体の世界への第一歩を踏み出しましょう。

日常生活のなかにある半導体

半導体は実際に目にすることは少なくても、日常生活のなかにあふれていて、現代社会を支えています。

身近にあふれる半導体

世の中には、「よく名前を見聞きするけれども、実際に目にする機会がない」というものが存在します。その代表格が**半導体**です。

半導体製造や半導体関連の仕事をしている人以外、日常生活で半導体に直接触れることはほとんどないでしょう。しかし、半導体は見えるところにないだけで、身のまわりにあふれています。

スマートフォン、パソコン、電化製品（家電）、電車、自動車、飛行機、発電所、ロボット……。半導体はさまざまなところに使われており、半導体なしで現代社会は成り立たないといっても過言ではないほどなのです。

スマホは半導体のかたまり

最も身近な例として、みなさんが毎日使うスマートフォンをみてみましょう。スマホの内部を開けてなかをのぞくと、さまざまな電子部品とともに、黒色のパッケージに包まれた半導体が数多く搭載されています。

CPUと呼ばれる半導体は、計算や制御を行う頭脳の役割を果たしています。**メモリ**と呼ばれる半導体は記憶ができるため、写真や動画などを保存する際に働きます。高速通信を可能にしているのは、5GやWi-Fiなどの通信用の半導体です。カメラに欠かせないのが**イメージセンサ**と呼ばれる半導体で、レンズから入った光を電気信号に変えてデータ転送する役割を担っています。画面を横に傾けると、縦向きから横向きに自動的に変わるのは、**ジャイロセンサ**のおかげです。このように、スマホはいわば“半導体のかたまり”なのです。

スマホ以外、たとえばテレビや冷蔵庫、エアコンなどの家電はどうでしょうか。家電のなかには電子機器を制御する**マイコン**が搭載されています。**パワー半導体**も欠かせません。高電圧や大電流を扱うパワー半導体は、省エネルギー（省エネ）をもたらします。

自動車にも多くの半導体が使われています。とくに今後、普及が期待される電気自動車（EV）に関しては、半導体の小型化や軽量化、さらに半導体製造に使う新材料の開発などが発展のカギとされています。

半導体が使われている主な分野

電化製品

自動車

発電所

半導体は世の中の至るところで使われており、現代社会を支えている

スマートフォン

パソコン

ロボット

スマホや家電のなかで活躍する半導体

CPU

計算や制御を行う
「頭脳」の役割を担っている

メモリ

記憶することができ、
写真や動画などを保存する際に働く

イメージセンサ

レンズから入った光を
電気信号に変えてデータ転送する

ジャイロセンサ

角速度を検出。
スマホ画面の縦横を変換する際に働く

マイコン(マイクロコンピュータ)

電子機器を制御する
役割を担っている

パワー半導体

高電圧や大電流を扱い、
省エネをもたらす

半導体は何が凄いのか？

半導体が優れているのは増幅、スイッチ、変換という3つの機能をもっているからです。

なぜ半導体が現代社会に不可欠な存在になったのかといえば、それまでになかった優れた機能を備えているからにほかなりません。半導体は電気を通す導体と電気を通さない絶縁体の中間の物質という特徴を活かし、３つの機能をもつに至ったのです。

３つの機能とは**増幅**、**スイッチ**、**変換**です。これらの機能について簡単に紹介しましょう。

増幅機能

増幅とは、小さな電気信号を大きくすることです。身近なところでは、マイクやスピーカーをイメージするとわかりやすいでしょう。マイクは声である音の波を電気信号に変え、その電気信号を大きく増幅させることによって音声として聞こえます。スピーカーも電気信号の大きさを変えることで音の大小を制御しています。

スイッチ機能

スイッチは、電気信号のオンとオフを切り替える機能です。半導体がオンとオフを切り替えることによって**計算**したり、**記憶**したりできるのです。

計算や記憶が可能な詳しいしくみについては後述しますが、この機能によって半導体が多くの機器に搭載され、「頭脳」として機能しています。最近、話題になっているChatGPTなどの生成AIも膨大な量の計算を**GPU**という半導体で行うことで成立しています。

変換機能

変換とは、光や力などを電気に変える機能です。この機能を利用したものとしては、**太陽電池**があげられます。太陽電池は太陽光から電気をつくり出しています。これは太陽電池に使われている半導体が光を電気に変換することで実現しているのです。

太陽電池とは逆に、電気を光に変換することもできます。たとえば、多くの電灯や信号などに使われている**発光ダイオード**です。発光ダイオードは、半導体に電気を流すことによって光を発生させています。

この３つの機能のおかげで、日常生活がより便利になっているのです。

半導体の基本的な性質

半導体

導体

電気を通す物質

＋

絶縁体

電気を通さない物質

半導体は絶縁体と導体の中間の物質で、「電気を通す」性質と「電気を通さない」性質の両方をもっている

半導体のはたらき

半導体

増幅機能

小さな電気信号を大きくする。
この機能を使ったものは……

マイク

スピーカー

スイッチ機能

電気信号のオンとオフを切り替える。
この機能を使ったものは……

計算・記憶

ChatGPT（人工知能）

変換機能

光や力などを電気に変える。
この機能を使ったものは……

太陽電池

発光ダイオード

半導体のつくり方

高度な科学技術を使って精密な作業を行い、半導体をつくり上げていきます。

最初に設計図をつくる

半導体はいくつもの工程を経てつくられます。一朝一夕にできるわけではなく、最新の製造装置を用い、化学、光学、精密機械工学などを総動員して、２～３ヵ月、あるいは半年近くの時間をかけてつくり上げていきます。

ここでは３章で詳しく解説している半導体の製造プロセスについて、ダイジェスト的に紹介します。

半導体の**製造工程**は**前工程**と**後工程**に分かれていますが、その前に**設計**を行う必要があります。

設計工程では、どのような性能の半導体をつくるかを決めたら、**EDA（回路自動設計）**というツールを使って実際に設計を行い、その設計データから**フォトマスク**を作成します。フォトマスクとは設計図のことで、ガラス板の片側に回路パターンを描きます。

設計とは別に、**半導体チップ**の基板

半導体製造の流れ

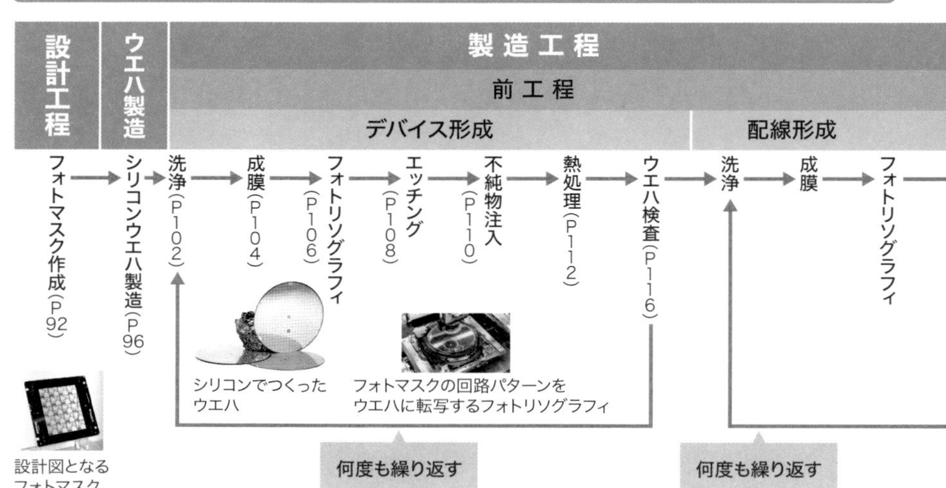

設計図となるフォトマスク

シリコンでつくったウエハ

フォトマスクの回路パターンをウエハに転写するフォトリソグラフィ

となる**ウエハ**の製造も進めます。ケイ石から**シリコン**を抽出し、純度の高い単結晶シリコンのインゴット（棒状の塊）を作成。それをスライスし、ウエハをつくります。このウエハの上に、チップをつくり込んでいきます。

前工程から後工程へ

次は製造工程。まずは前工程です。前工程ではウエハ上にフォトマスクを通して回路パターンをつくり込みます。ウエハ上に薄い膜をつくり（**成膜**）、フォトマスクの回路パターンを転写したら（**フォトリソグラフィ**）、ガスや薬品を使って不要な部分を削り取り（**エッチング**）、デバイスをつくったり、配線を施したりしていきます。そしてウエハの表面を研磨して平らにします（**平坦化**）。このフローは一回で終わりではなく、何度も繰り返し行います。

続いて後工程に入ります。ウエハ上につくり込まれた半導体チップを切り分け、パッケージ化する作業です。

ウエハからチップを切り出し（**ダイシング**）、そのチップをリードフレーム上に固定（**ダイボンディング**）。チップ表面の電極とリードフレームを金線で接続したら（**ワイヤーボンディング**）、チップを樹脂などで覆って保護します（**モールド**）。これで黒色のパッケージに包まれた半導体の完成です。

最後に**最終検査**を行い、合格したものが出荷されます。そしてスマートフォンやパソコンなどに組み込まれていくのです。

※半導体の製造工程は3章で詳しく解説しています。

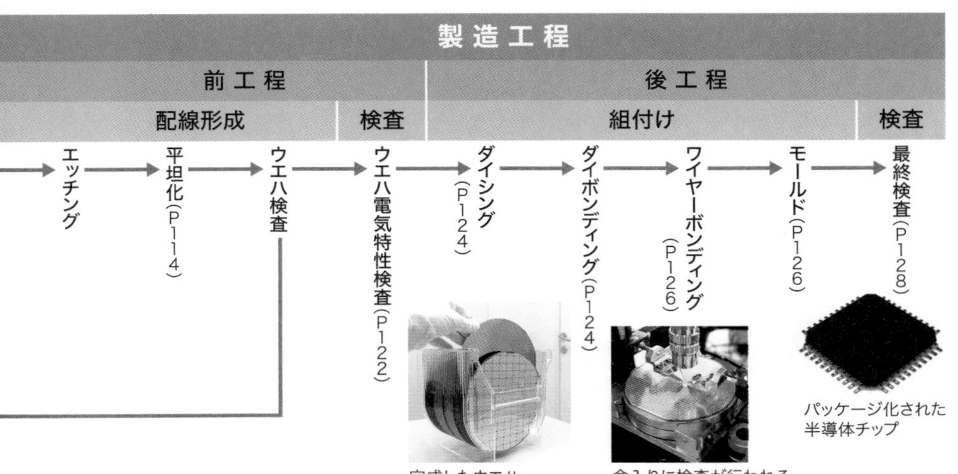

完成したウエハ

念入りに検査が行われる

パッケージ化された半導体チップ

半導体と国際情勢

世界では半導体をめぐるさまざまな動きがみられます。国際情勢に注目することが、半導体の理解につながります。

東アジアとアメリカがリードする

半導体は日本だけでなく、世界各地で生産されています。したがって半導体市場は国際情勢によって左右され、その動向がニュースで報じられることも少なくありません。

現在、半導体産業をリードしているのは**台湾**、**韓国**、**中国**といった**東アジア**諸国と**アメリカ**です。設計の中心地は半導体発祥の地でもあるアメリカですが、生産の中心地は東アジアです。東アジアには**TSMC**（台湾）、**サムスン電子**（韓国）、**SK ハイニックス**（韓国）など、半導体関連の有力企業が多数存在し、凄まじい勢いで成長しているのです。

同じ東アジアの日本はどうかというと、残念ながらそれほど勢いはありません。バブル末期の 1980 年代末、日本の半導体は技術でも売上高でもトップに君臨し、売上高では世界シェ

半導体の世界地図

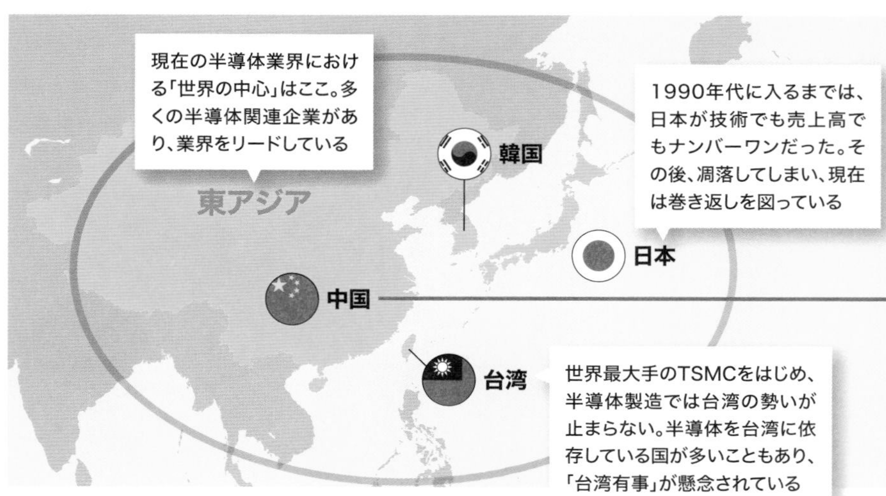

現在の半導体業界における「世界の中心」はここ。多くの半導体関連企業があり、業界をリードしている
東アジア
韓国
1990年代に入るまでは、日本が技術でも売上高でもナンバーワンだった。その後、凋落してしまい、現在は巻き返しを図っている
日本
中国
台湾
世界最大手のTSMCをはじめ、半導体製造では台湾の勢いが止まらない。半導体を台湾に依存している国が多いこともあり、「台湾有事」が懸念されている

アの50%強を占有していました。**NEC**、**東芝**、**日立**、**富士通**などが記憶を保持する**DRAM**などの生産で世界をリードし、「日の丸半導体」は“我が世の春”を謳歌していました。そして、それが強い日本経済の象徴ともなっていたのです。

その後、急成長を遂げた新興勢力との競争に敗れ、また市場に翻弄されたこともあって、日本の半導体産業は大きく沈むことになってしまいました。しかし現在、国を挙げて復権を目指すプロジェクトを進めています。

半導体が戦略物資に

一方で、最近は**半導体争奪戦**とか**半導体戦争**といった言葉をたびたび目にするようになりました。あらゆる機器に欠かせない半導体の供給が需要に追いつかず、各国間で奪い合いになっているというのです。とくに2020～21年には、新型コロナウイルスの感染拡大にともなうサプライチェーンの混乱などにより、半導体不足が深刻化。自動車産業を中心に大きな打撃を受けることになりました。

またアメリカと中国が政治・経済的対立を深めるなか、アメリカが中国への半導体輸出を規制すると、中国も報復措置として半導体の材料となる希少金属の輸出規制を打ち出すなど、半導体は**戦略物資**としても重要性を増してきています。

半導体を理解するため、国際情勢にも注目したいところです。

対立を深めるアメリカと中国。経済面で最大の懸案事項が半導体で、互いに輸出規制をかけるなど丁々発止のやり取りを続けている
アメリカ
アメリカは東アジアと並ぶ巨頭。半導体産業発祥の地でもあり、設計の中心地となっている
新型コロナウイルスの感染拡大の影響で、世界的な半導体不足が深刻化。自動車産業などが大打撃をこうむった

Chapter

1

半導体の基本

本章では、半導体の基本の「き」を解説します。
半導体を形成するシリコンがどんなものか、
どんな構造になっているのか、
なぜ電流が流れるのかなどを押さえていきましょう。

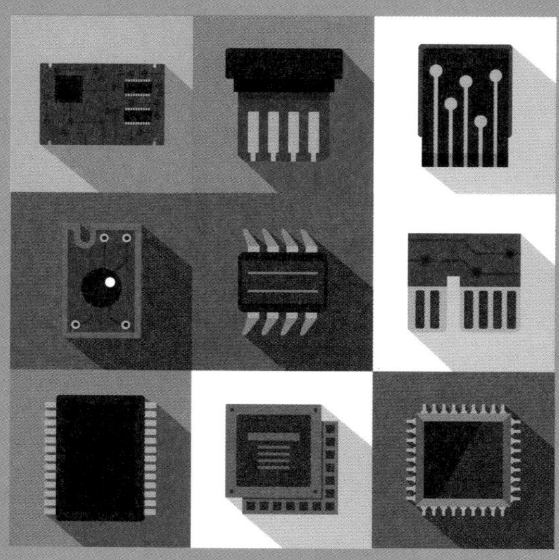

本章のメニュー

半導体とは何か？①
世間一般でいわれる半導体

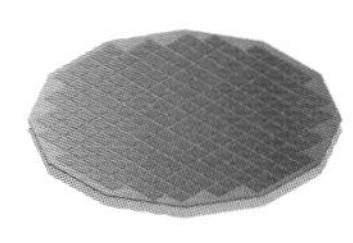

半導体には2つの意味がありますが、一般的には半導体デバイスのことを指します。

半導体＝デバイス全般のこと

半導体という言葉は、世間一般で広く使われる場合と、物理学的に使われる場合とで意味合いが違ってきます。ここではまず、世間一般でいわれる半導体について説明します。

テレビや新聞などで半導体について報じられるときは、**シリコン**などを材料にしてつくられる電子部品、すなわち**半導体デバイス（素子）**全般のことを指します。

デバイスにはさまざまな種類があり、世界の主要な半導体メーカーが加盟している**WSTS(World Semiconductor Trade Statistics**（ワールド セミコンダクター トレード スタティスティクス）**：世界半導体市場統計)**の基準に従うと、IC（Integrated Circuit（インテグレーテッド サーキット）：集積回路）と非ICに分けられます。

ICとは、半導体チップに**トランジスタ**（P44～）や**ダイオード**（P42～）などを数多く搭載した電子部品を意味します。そうした電子部品の集積度をさらに高めたものを**LSI（Large Scale Integrated Circuit**（ラージ スケール インテグレーテッド サーキット）**：大規模集積回路）**といいますが、一般的にはICと同じ意味で使われています。

さまざまなデバイス

ICは、WSTSの分類によると4種類あります。①演算を行うロジックICなどの**ロジック**、②情報を記憶するDRAM（Dynamic Random Access Memory）（ディーラム ダイナミック ランダム アクセス メモリ）やフラッシュメモリなどの**メモリ**、③演算と記憶の機能を併せもち、コンピュータの心臓部となるプロセッサやマイコンなどの**マイクロ**、④増幅器やデジタル信号をアナログ信号に変換するAD/DAコンバータなどの**アナログ**です。

一方、非ICは3種類に分類されます。①発光ダイオードやレーザーなど光関連の**オプト**、②パワーMOSFETやIGBTといったパワー半導体の**ディスクリート**、③温度や圧力、加速度などを検出する**センサ**です。

たとえば、先端半導体といわれるようなものはICのマイクロ、ロジック、メモリに分類されますが、マイクロとロジックは厳密に区別せず、ロジックにマイクロを含めるケースが多いです。一方、パワー半導体といわれるような大電力を扱うものは、非ICのディスクリートに分類されます。

世間一般でいわれる半導体

半導体デバイス全般を「半導体」と呼んでいる

形態が違っても、すべて「半導体」と呼ばれる

シリコンウエハ → チップ → パッケージ

WSTS（世界半導体市場統計）による半導体の分類

IC

❶ロジック
機　能：演算を行う
具体例：ロジックIC、ASICなど

❷メモリ
機　能：記憶を行う
具体例：DRAM、フラッシュメモリなど

❸マイクロ
機　能：演算と記憶の機能を併せもっている
具体例：マイコン、プロセッサなど

❹アナログ
機　能：信号増幅やアナログ・デジタル変換を行う
具体例：AD/DCコンバータなど

非IC

❶オプト
機　能：光関係（受発光）
具体例：発光ダイオード、レーザなど

❷ディスクリート
機　能：トランジスタ単体のことを指す
具体例：パワー半導体など

❸センサ
機　能：温湿度や圧力、加速度などを検出する
具体例：圧力センサ、加速度センサなど

半導体とは何か？②
物理学的な意味での半導体

半導体を物理学的な視点でとらえると、導体と絶縁体の中間の性質をもつ物質となります。

半導体は「半分導体」？

世間一般で広く使われている半導体という言葉は、半導体デバイス全般を表します。それに対し、物理学で使われている本来の意味での半導体は、物質の電気の流れやすさを表します。

物質には電気を通す**導体**と、電気を通さない**絶縁体**（不導体ともいう）があります。たとえば金や銀、**アルミニウム**などは導体で、**ゴム**や**ガラス**などは絶縁体です。そして、それらの中間の性質をもつ物質が**半導体**です。

すなわち、半導体という言葉をそのまま解すと「半分導体」という意味になりますが、そうではなく、「電気の流れやすさが導体と絶縁体の中間（半ば）の物質である」という意味で半導体というのです。

重要なのは電気の流れやすさ

では、「電気の流れやすさ」は何によって示されるかというと、**電気抵抗率**で表されます。

電気抵抗率は「Ω（オーム）㎝」の単位で示され、金や銀、アルミニウムなどの導体は数値が小さくなります。つまり、そうした物質は電気を流しやすいということです。

その一方で、ゴムやガラスなどの絶縁体は電気抵抗率の数値が大きいため、電気を流しにくい物質ということになります。

半導体の電気抵抗率は導体より大きく、絶縁体より小さくなります。明確に定義されているわけではありませんが、一般的には電気抵抗率が10^{-4}～10^{8} Ω㎝程度の物質、具体的には半導体の材料として使われる**シリコン**や**ゲルマニウム**などが半導体に分類されます。

そして、この半導体が独特なのは電気の流れやすさを変えることができる点です。半導体をつくる際に加える不純物の量を調整したり、異なる種類の半導体を接合したりすることによって、絶縁体に近い状態から導体に近い状態にしたり、電気が流れる量や方向を制御したりすることができるのです(P34～)。

こうした半導体ならではの特徴を活かすことで、**ダイオード**や**トランジスタ**などのデバイスをつくることができます。

物理学的な半導体

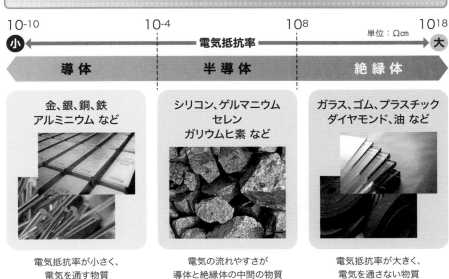

10^{-10}　10^{-4}　10^{8}　10^{18}

単位：Ωcm

小 ← 電気抵抗率 → 大

導体	半導体	絶縁体
金、銀、銅、鉄 アルミニウム など	シリコン、ゲルマニウム セレン ガリウムヒ素 など	ガラス、ゴム、プラスチック ダイヤモンド、油 など
電気抵抗率が小さく、 電気を通す物質	電気の流れやすさが 導体と絶縁体の中間の物質	電気抵抗率が大きく、 電気を通さない物質

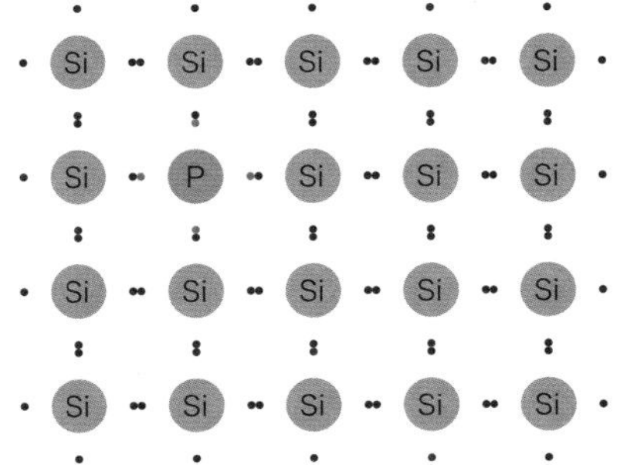

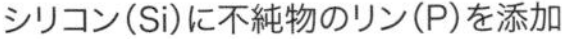

シリコン(Si)に不純物のリン(P)を添加

半導体をつくる際に加える不純物の量を調整したり、異なる種類の半導体を接合したりすることによって、絶縁体に近い状態から導体に近い状態にしたり、電気が流れる量や方向を制御したりできるようになる

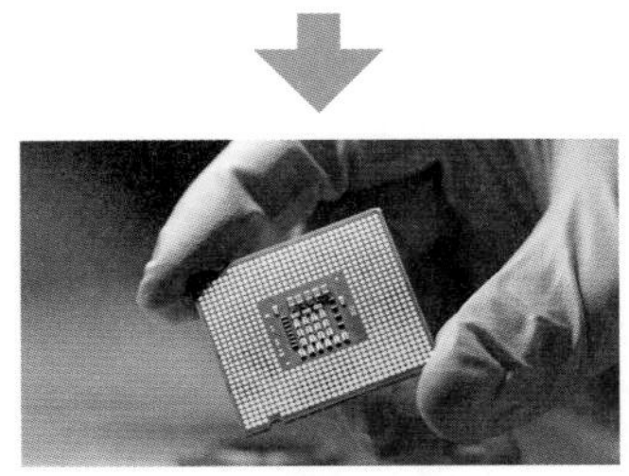

ダイオードやトランジスタなどの半導体デバイスをつくることができる

半導体は何でできているのか？

現在、半導体の材料として最も使われているのはシリコン。ほとんどの半導体がシリコンでできています。

シリコンは無尽蔵に存在する

半導体の材料はいろいろありますが、その“主役”は日本語で**ケイ素**とも呼ばれる**シリコン（Si）**です。現在使われている半導体のほとんどが、シリコンからできています。

シリコンが半導体の材料として優れている点は、大きく3つあります。ひとつは地球上に無尽蔵と言ってもよいくらい豊富にあり、枯渇する心配がないことです。地表付近に存在する元素の割合では、酸素に次いで2番目に多いのがシリコンで、酸素と結びついて石や砂、水、植物などの形で存在しています。

2つ目は不純物を取り除くことによって高純度に精製できること、3つ目は半導体デバイスをつくる際に欠かせない良質な酸化膜（絶縁膜）を容易に形成できることです。この2つについては、3章で詳しく説明します。

シリコンはどこに存在する？

シリコンは酸素と結びついて岩石、水、植物などの形で存在しており、無尽蔵といえるほど豊富にある

水

岩石

植物

↓ 抽出

シリコンと酸素の化合物であるケイ石を還元・精留し、ケイ素の純度を高めたものが半導体の材料として用いられる

シリコン（ケイ素）

ゲルマニウムの時代もあった

今でこそシリコンが半導体の材料の主役になっていますが、半導体の黎明期には**ゲルマニウム（Ge）**という物質も材料として使われていました。

しかしながら、ゲルマニウムは高温での動作が安定しないため、次第にシリコンに置き換えられていき、現在では一部の特殊な用途でしか使われていません。

材料を組み合わせた半導体も

半導体の材料としては、2種類以上の元素で形成されているものもあります。シリコンのように1種類の元素で形成されている半導体を**単元素半導体**というのに対し、2種類以上の元素から形成されている半導体を**化合物半導体**といいます。その代表例は**ガリウムヒ素（GaAs）、インジウムリン（InP）、窒化ガリウム（GaN）、シリコンカーバイド（SiC）**などです。

化合物半導体はシリコンに比べて基板が割れやすいうえ、大口径化することが難しく、コストも高いことから、汎用的に使われているわけではありません。

しかし、シリコンよりも高速で動作する、高い電圧や熱に耐えられる、可視光や赤外光を出すことができるといった優れた特性をもっているため、**光半導体**（P78～）や**パワー半導体**（P168～）などの特定の用途で利用されています。

単元素半導体と化合物半導体

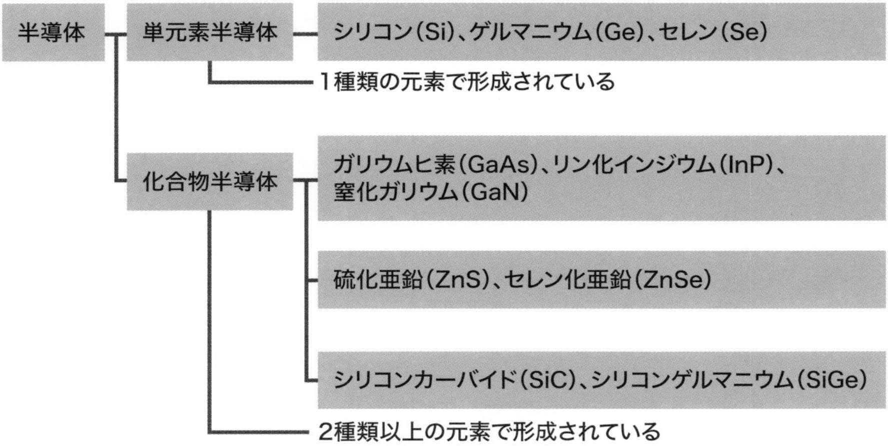

- 半導体
  - 単元素半導体 ― シリコン(Si)、ゲルマニウム(Ge)、セレン(Se)
    - 1種類の元素で形成されている
  - 化合物半導体
    - ガリウムヒ素(GaAs)、リン化インジウム(InP)、窒化ガリウム(GaN)
    - 硫化亜鉛(ZnS)、セレン化亜鉛(ZnSe)
    - シリコンカーバイド(SiC)、シリコンゲルマニウム(SiGe)
    - 2種類以上の元素で形成されている

半導体の構造

半導体の内部を原子レベルでみると、どのような構造になっているのでしょうか？

シリコンの原子構造

半導体の内部には**電子**が流れていて、電気を運ぶ役割を担っています。その流れを外部から制御することにより、デバイスが動作します。そのしくみについて、**シリコン（Si）**を例にみていきましょう。

まず**原子**の基本構造から説明すると、中心にプラスの電荷をもつ**陽子**と電荷をもたない**中性子**から成る**原子核**があり、その外側にマイナスの電荷をもつ**電子**があります。シリコン原子は**元素周期表**（P35）の14族に属しており、原子核のなかにある陽子の個数は14個です。一方、原子核の外側には電子が14個あるので、全体としてはプラスとマイナスが相殺して電気的に**中性**になっています。

また、原子核の外側に位置する電子の配置は**電子殻**と呼ばれる軌道の集まりに入っています。シリコン原子の場合、最も内側のK殻に2個、次のL殻に8個、次のM殻に4個あります。このうち**価電子**と呼ばれる最外殻の電子が、原子の**結合**や**電気伝導**に影響します。

シリコン原子は価電子が8個のときに安定する構造になっていますが、実際には価電子が4個しかありません。そこで、隣り合うほかの4つのシリコン原子と電子を1個ずつ共有して結合することによって安定します。この**共有結合**という状態のシリコン原子は結合力が強く、共有結合によって電子が使われているので、電気伝導にはほとんど寄与しません。

この状態を**真性半導体**といい、不純物を加えることによって、n型やp型の半導体をつくることができるのです（P34～）。

単結晶と多結晶

原子が規則正しく並んでいる物質を**結晶**といい、シリコンの結晶構造は右図のようになっています。

また、すべてが規則正しく並んでいる結晶を**単結晶**といいます。単結晶は電子の移動度が大きいことから、シリコンウエハの材料に使われます。一方、単結晶が集合してできた**多結晶（ポリシリコン）**という結晶もあり、さまざまな半導体に使われています。

シリコン原子の構造

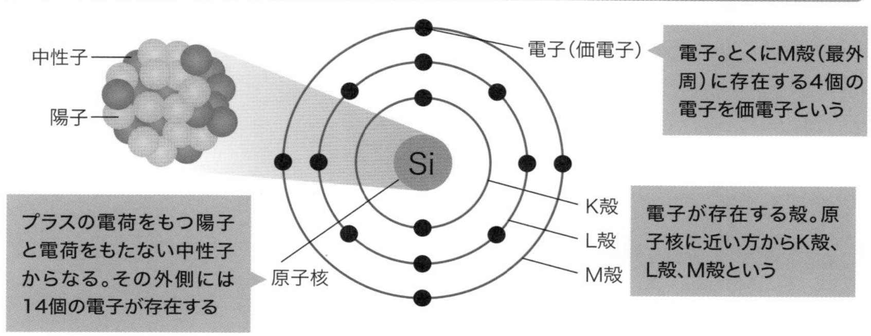

中性子
陽子
Si
電子（価電子）
電子。とくにM殻（最外周）に存在する4個の電子を価電子という
K殻
L殻
M殻
電子が存在する殻。原子核に近い方からK殻、L殻、M殻という
原子核
プラスの電荷をもつ陽子と電荷をもたない中性子からなる。その外側には14個の電子が存在する

シリコンの結晶構造

単結晶

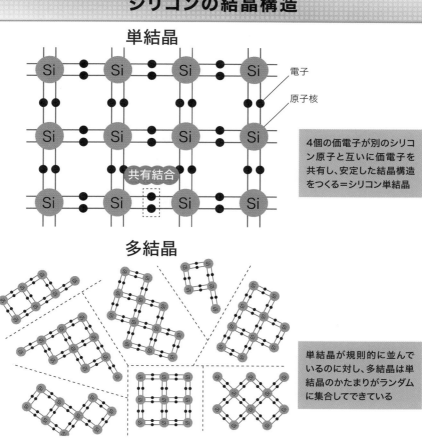

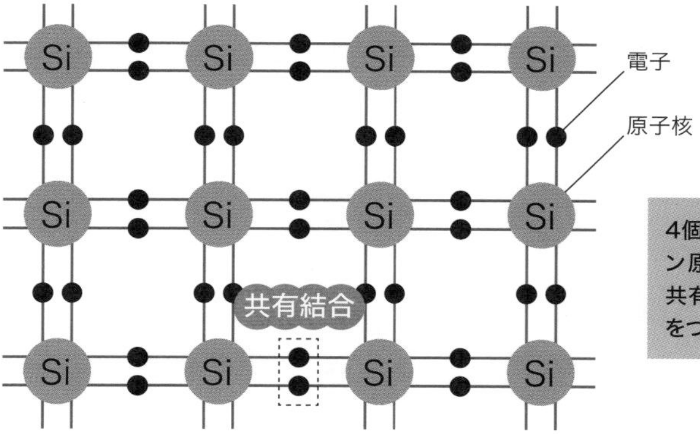

Si
電子
原子核
共有結合

4個の価電子が別のシリコン原子と互いに価電子を共有し、安定した結晶構造をつくる＝シリコン単結晶

多結晶

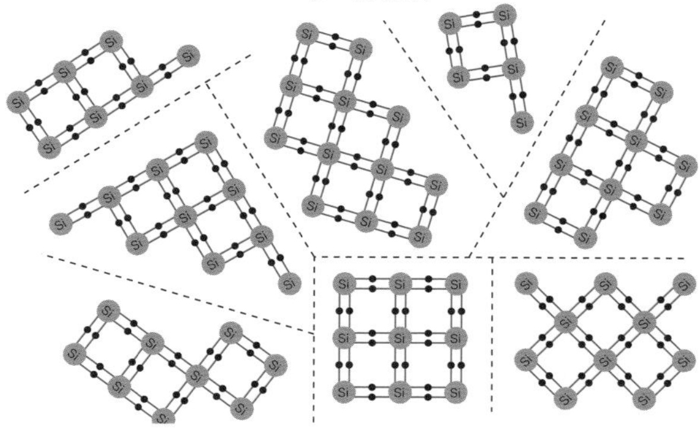

Si

単結晶が規則的に並んでいるのに対し、多結晶は単結晶のかたまりがランダムに集合してできている

半導体の性質

半導体は「不純物」を入れることによって、電気を流せるようになります。

超高純度の単結晶シリコン

単結晶シリコンは、**シリコン原子**が規則正しく並んだ構造になっており、別の物質を含んでいません。しかし、シリコン原子100%の単結晶を製造することは技術的に大変難しく、実際の**シリコンウエハ**は**99.999999999%**（イレブンナイン）のシリコン原子で構成されています。

100%にほんの少しだけ足りませんが、これは1,000億個のシリコン原子のなかに別の原子が1個だけしか含まれていない状態です。純金でさえも99.99%ですから、身のまわりにある金属材料とは比べものにならない超高純度の結晶であることがわかるでしょう。

この超高純度の単結晶シリコンは、電気をほとんど通しません。しかし、手を加えることによって電気を流せるようになります。どのような方法を用いるのかというと、**不純物**を添加する

シリコンに不純物を加える理由

不純物
15族に属する元素（リン、ヒ素など）、あるいは13族に属する元素（ボロン、インジウムなど）

15族に属する元素を加えるとn型半導体、13族に属する元素を加えるとp型半導体ができる

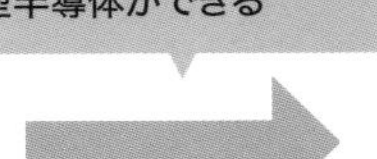

シリコン単結晶
半導体製造に欠かせないシリコンウエハは、超高純度のシリコンでつくる。ただし、そのままでは電気抵抗率を制御できないので、不純物を添加する

のです。

不純物を加えてみる

不純物とは、本来の物質以外の別の物質のことを意味します。ここで言う不純物とは、シリコン以外の別の物質を指しています。

具体的には、元素周期表の15族に属する**リン（P）**や**ヒ素（As）**、13族に属する**ボロン（B）**や**インジウム（In）**などです。

たとえば、不純物としてリンやヒ素を添加すると**n型半導体**（P36〜）ができ、ボロンやインジウムを添加すると**p型半導体**（P38〜）ができます。つまり、添加する不純物によって半導体の種類が変わるのです。

不純物の量と純度

添加する不純物の量はケース・バイ・ケースですが、もとになるシリコンの数十万分の1程度が目安とされます。その程度の量を加えれば、結晶の構造を崩すことなく、電気抵抗率を制御して電気を流せるようになります。

また添加する際は、シリコンと同じように不純物も超高純度でなければなりません。

不純物のなかに意図しない物質が混じっていると特性が変わり、半導体のデバイスとして設計された性能を発揮できなくなってしまいます。そうした事態にならないように、半導体をつくる際には極めて高い純度が求められるのです。

元素の周期表（一部）

12族	13族	14族	15族	16族
	5B ボロン	6C 炭素	7N 窒素	8O 酸素
	13Al アルミニウム	14Si ケイ素 （シリコン）	15P リン	16S 硫黄
30Zn 亜鉛	31Ga ガリウム	32Ge ゲルマニウム	33As ヒ素	34Se セレン
48Cd カドミウム	49In インジウム	50Sn スズ	51Sb アンチモン	52Te テルル

族番号

数字は原子番号、アルファベットは元素記号を示す

2つの半導体①n型半導体

リンやヒ素、アンチモンなどを添加した半導体は、電気を通しやすい半導体になります。

「n」はnegative(ネガティブ)の「n」

半導体に**不純物**を添加すると、n型半導体、あるいはp型半導体ができることを前項で説明しました。どちらも広く用いられている半導体です。

ここでは、そのn型半導体とp型半導体という2種類の半導体の違いについてみていきましょう。

n型半導体は、真性半導体である単結晶シリコンに**リン（P）**や**ヒ素（As）**、あるいは**アンチモン（Sb）**といった15族の元素を不純物として添加することによってつくることができます。

こうした不純物を**ドナー**といいます。ドナーとは「提供者」という意味。一般的にドナーといえば、医療の分野において臓器移植の際に臓器を提供する人を指しますが、半導体の世界においてはn型半導体をつくる際に加える不純物を指します。

またn型半導体の「n」は、negative（負＝マイナス）に由来します。マイナスの**電荷**をもつ**電子**が電流の担い手、すなわち**キャリア**となっている半導体ということで、n型半導体といわれるのです。

n型半導体は電子が電流に寄与

n型半導体は電子が電流に寄与する、すなわち電気を通しやすい半導体です。そのしくみがどうなっているのかを具体的に説明しましょう。

単結晶シリコンのなかにリンが添加され、1個のシリコン原子がリン原子に置き換わった場合、リンがもつ5個の**価電子**のうち4個は周囲の**シリコン原子**と**共有結合**します。それに対して、残り1個の電子はどの原子にも拘束されない**自由電子**となります。

自由電子は電圧、あるいは光や熱などのエネルギーを与えられると、結晶のなかを自由に動きまわります。電子が移動すると、その流れは電流となります。結果として、n型半導体では電子が電流に寄与する、すなわち電流を通しやすい半導体になるのです。

また添加する不純物の量を増やすと、そのぶんだけ自由電子が増え、電気が流れやすくなります。

どのような半導体が必要なのか、どのような半導体にしたいのかという観点から、不純物の量をコントロールしていくのです。

n型半導体に電流が流れるしくみ

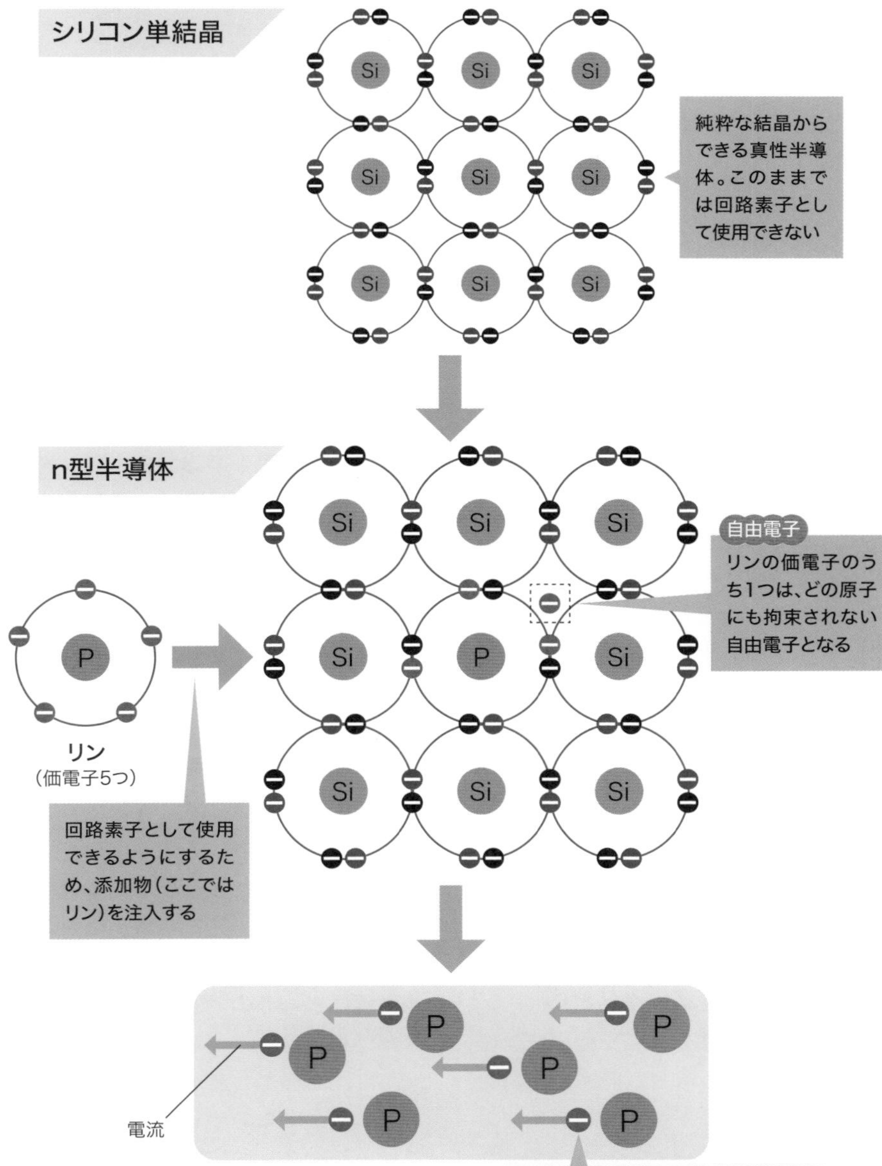

シリコン単結晶
Si
純粋な結晶からできる真性半導体。このままでは回路素子として使用できない
n型半導体
自由電子
リンの価電子のうち1つは、どの原子にも拘束されない自由電子となる
P
リン
（価電子5つ）
回路素子として使用できるようにするため、添加物（ここではリン）を注入する
電流
電圧を加えると、自由電子が＋電極に向かって移動し、電流が流れる

2つの半導体②p型半導体

ボロンやインジウムなどを添加すると、プラスの電荷をもつ半導体になります。

「p」はpositive（ポジティブ）の「p」

n型半導体は、真性半導体である単結晶シリコンにリン（P）やヒ素（As）などの15族の元素を不純物として添加することによってつくられます。それに対し、**ボロン（B）**や**インジウム（In）**などの13族に属する元素を不純物として添加してつくられるのが**p型半導体**です。

p型半導体をつくるために添加する不純物を**アクセプタ**といいます。アクセプタとは「受取人」や「受容体」という意味ですが、半導体の世界では電子を受けとる物質として、13族の元素のどれかを指します。

またp型半導体の「p」は、positive（正＝プラス）の「p」です。プラスの電荷をもつ**正孔**（ホール）が電流の担い手のキャリアとなっているため、こうした名称がつけられました。

ここでは単結晶シリコンにボロンを添加し、1個のシリコン原子がボロン原子に置き換わったケースを考えてみましょう。

ボロンは3個の**価電子**しかもっていないため、周囲のシリコン原子と**共有結合**するには電子が1個足りなくなっています。この欠損した部分が正孔です。

正孔が電流に寄与する

次に、単結晶シリコンにボロンを添加してつくられた半導体に電圧などのエネルギーを加えると、近くの電子が正孔へ移動してきます。移動した電子があったところには欠損ができて正孔になり、そこにまた別の電子が移動してきます。

これを繰り返している状態は、正孔がプラスの電荷をもった電子のように移動していると考えることができます。

正孔は移動しているようにみえているだけで、実際に移動しているのは電子です。しかし、正孔も電流に寄与し、電気が流れています。この半導体をp型半導体というのです。

ただし、正孔は欠損ができた部分を埋めながら移動していきます。そのため、p型半導体のキャリアの結晶中における移動のしやすさの指標である移動度は、n型半導体よりもp型半導体のほうが遅くなります。

p型半導体に電流が流れるしくみ

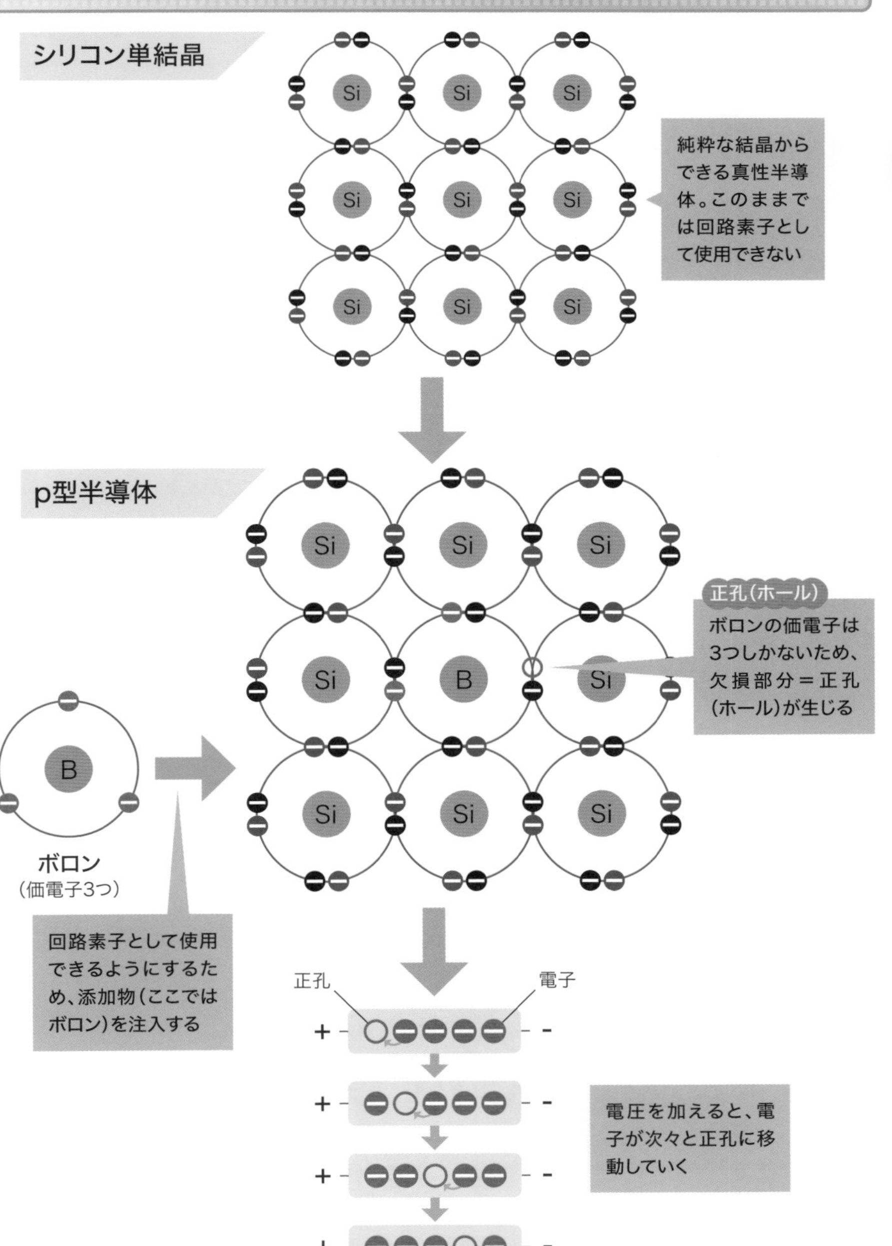

シリコン単結晶
Si
純粋な結晶からできる真性半導体。このままでは回路素子として使用できない
p型半導体
Si
B
正孔(ホール)
ボロンの価電子は3つしかないため、欠損部分＝正孔(ホール)が生じる
B
ボロン
(価電子3つ)
回路素子として使用できるようにするため、添加物(ここではボロン)を注入する
正孔
電子
+
-
電圧を加えると、電子が次々と正孔に移動していく

半導体デバイスの基本構造

p型半導体とn型半導体を接合すると、半導体デバイスの基本構造といえるダイオードができます。

pn接合ダイオードの動作原理

p 型半導体と n 型半導体、それぞれ単独では何か特別なことができるわけではありません。特筆すべき点は、真性半導体と比べて電気を流しやすいこと、抵抗としてのはたらきをもつことくらいです。

２つの半導体を活用するにはどうするか――。ひとつは**接合**する方法があります。接合することによって、最も基本的な半導体デバイスである（pn接合）**ダイオード**をつくることができるのです。

p 型と n 型を接合すると、**拡散**という現象が生じます。水面に赤いインクを落とすと、インクが水中に広がり、薄い赤色の水になります。それと同じように、高い濃度から低い濃度に移動して、一様な濃度になることを拡散といいます。

p 型に多くある**正孔**と、n 型に多く

順方向バイアスをかけたとき

pn接合ダイオード
電気的な障壁があり、電子も正孔も乗り越えられないが、順方向バイアス（p型にプラス、n型にマイナスの電圧を加える）により、障壁が小さくなる
電子
正孔
電流
+
p型半導体
空乏層
n型半導体
−
接合面
プラスの電圧を加えると、正孔がマイナス電極へと移動する
マイナスの電圧を加えると、電子がプラス電極へと移動する
+
−
順方向バイアスではp型からn型へ向かって電流が流れる

ある**電子**が相互に拡散するとどうなるでしょうか。接合面付近で結合し、正負がプラスマイナスゼロとなって消滅します。そして接合面付近は、**キャリア**が存在しない**空乏層**という領域になります。

正孔と電子がすべて消滅しないのは、ある程度、拡散が進むと空乏層にできる電気的な障壁を乗り越えられなくなるからです。

2つのバイアス

このとき p 型にプラス、n 型にマイナスの**電圧**を加えることを考えてみます。このように電圧をかけることを**順方向バイアス**といいます。

順方向バイアス（通常 0.6V 程度）を加えると、空乏層の電気的な障壁が小さくなり、n 型側の電子がプラス電極へ、p 型の正孔はマイナス電極へ移動します。それにより、p 型から n 型に電流が流れます。

次に順方向バイアスと反対の**逆方向バイアス**、すなわち p 型にマイナス、n 型にプラスの電圧を加えることを考えてみます。このように電圧をかけると、空乏層の電気的な障壁が大きくなるため、電子や正孔が壁を乗り越えられず、電流は流れません。

このように pn 接合ダイオードは、一方向にのみ電流を流すことができます（**整流作用**）。どの半導体デバイスも pn 接合を組み合わせてできていることから、pn 接合は半導体デバイスの基本構造といえます。

逆方向バイアスをかけたとき

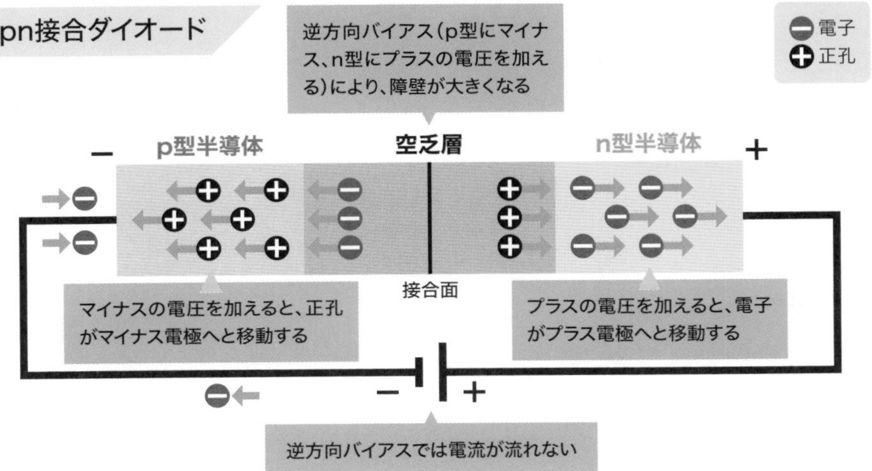
pn接合ダイオード
逆方向バイアス（p型にマイナス、n型にプラスの電圧を加える）により、障壁が大きくなる
電子
正孔
−
p型半導体
空乏層
n型半導体
+
接合面
マイナスの電圧を加えると、正孔がマイナス電極へと移動する
プラスの電圧を加えると、電子がプラス電極へと移動する
−
+
逆方向バイアスでは電流が流れない

さまざまなダイオード

最も基本的な半導体デバイスであるダイオード。その種類は多様で、目的に応じて使われています。

最も基本的な半導体デバイスであるダイオードには、さまざまな種類があります。ここでは代表的なダイオードを紹介します。

整流ダイオード

整流ダイオードはpn接合の特性を活かした、最も汎用的なダイオードです。交流の電気を直流に変える**整流器**のほか、電波から信号を取り出す**検波器**などにも利用されています。

定電圧ダイオード

pn接合ダイオードは、逆方向バイアスを加えても電流は流れないと先述しましたが、逆方向バイアスの電圧を大きくすると、ある地点で急激に電流が流れます。その現象を**降伏現象**といい、そのときの電圧を**降伏電圧**といいます。

整流ダイオードのしくみ

ダイオードの典型。電流を1方向にしか流さない。
交流の電気を直流に変換する整流器などに使われる

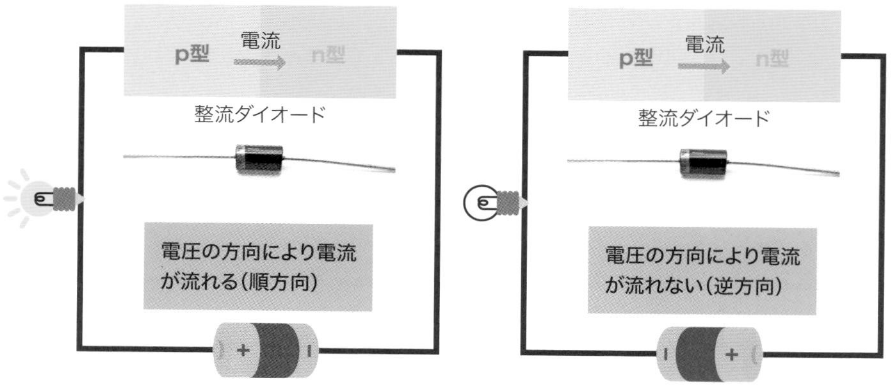

定電圧ダイオードは、降伏現象を利用したダイオードです。ツェナーダイオードとも呼ばれます。この定電圧ダイオードは電流の変化があっても、電圧が一定になる特徴を活かし、定電圧回路として利用されています。また、静電気やサージからICを守る保護デバイスとしても使われています。

トンネルダイオード

トンネルダイオードは1973年にノーベル物理学賞を受賞した**江崎玲於奈**（えさきれおな）**博士**が発明したもので、江崎博士の名を冠した「エサキダイオード」とも呼ばれます。量子力学的な現象である**トンネル効果**を利用しており、電圧が増加すると電流が減少する負性抵抗という特徴をもっています。

ショットキーバリアダイオード

ショットキーバリアダイオードはpn接合ではなく、金属と半導体との接合を利用したダイオードです。pn接合ダイオードと比較すると、動作がより速いという特長があります。

発光ダイオード

pn接合に順方向電圧を加え、接合面で電子と正孔が結びついて再結合し消滅する際に光を放つのが**発光ダイオード**（P78～）です。一方、pn接合部分に光を当てると電流が流れるのが**フォトダイオード**です。

主なダイオード

ツェナーダイオード

定電圧ダイオードのこと。定電圧回路や回路保護に使用される

トンネルダイオード

高濃度にドープしたpn接合ダイオード。トンネル効果によって負性抵抗が生じる

ショットキーバリアダイオード

金属と半導体を接合したダイオード。高速なスイッチングができる

フォトダイオード

光を感知するダイオード。光センサとして使用される

ブリッジダイオード

整流ダイオードを4つ組み合わせたもの。交流を直流に変換する整流回路に使用される

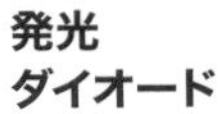

発光ダイオード

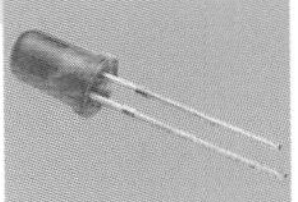

pn接合部に電流が流れると発光するダイオード。ライトや信号機、イルミネーションに使用される

トランジスタのしくみ

トランジスタはさまざまな電子回路に利用されている最重要な半導体デバイス。そのしくみを探ります。

バイポーラ型トランジスタ

p 型半導体と n 型半導体を組み合わせた半導体デバイスには、ダイオードのほかにも極めて重要なものがあります。それは**トランジスタ**。**増幅機能**と**スイッチ機能**をもっており、その機能によって電気の流れをコントロールするデバイスです。

トランジスタと先に述べたダイオード、さらに抵抗、キャパシタ（容量）を半導体チップの上に多数搭載したものが **IC（集積回路）** です。

そのトランジスタは、**バイポーラ型**と **MOS 型**の２つのタイプに分けることができます。

まずバイポーラ型トランジスタから解説します。そもそも「バイポーラ」とは「２つの極」という意味で、電気伝導に関わるキャリアが電子（マイナス）と正孔（プラス）の２種類の極（ポーラ）に関わっていることから、こう名

バイポーラ型トランジスタの動作原理

npn型

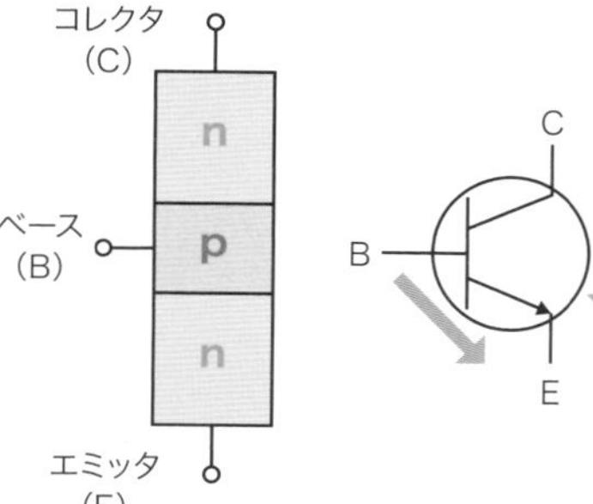

pnp型

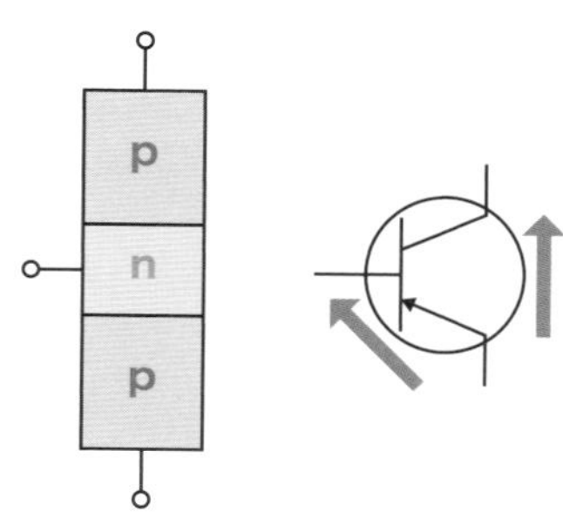

npn型はベースに電流を流すとコレクタ-エミッタ間に電流を流すことができる。
つまり、ベース電流によってオン・オフを制御できる。pnp型はnpn型と反対の動きをする

づけられました。

その構造はn型半導体とp型半導体を互いに挟み込んでサンドイッチにしたnpn型とpnp型に分類され、その動作原理は下図のようになっています。

電流駆動型のデバイスであり、動作させるのに必要な電力、すなわち消費電力が大きくなる一方、スイッチングの速度は低く、トランジスタの面積は大きくなります。ノイズに強い、周波数特性がよいといったメリットがあるため、そうした特性を重視する一部のアナログ回路用のICで使用されています。

MOS型トランジスタ

次にMOS型トランジスタです。これはMetal（金属）-Oxide（酸化膜）-Semiconductor（半導体）の3層構造であることから、その名がつきました。電気伝導にかかわるキャリアが電子、あるいは正孔のどちらか1種類だけなので、バイポーラ型に対して「ユニポーラ型」とも呼ばれます（「ユニ」はラテン語で「1」の意味）。

MOS型はpチャネル型とnチャネル型に分類され、その動作原理は下図のようになっています。

電圧駆動型のデバイスであり、消費電力を小さくできるうえ、スイッチング速度が速く、トランジスタの面積を小さくすることができます。そうした特性を活かし、ICを構成するメインデバイスとして多岐にわたって使用されています。

MOS型トランジスタの動作原理

nチャネル型

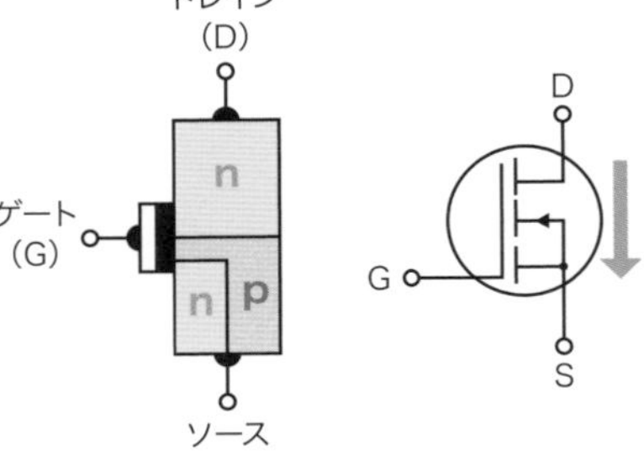

pチャネル型

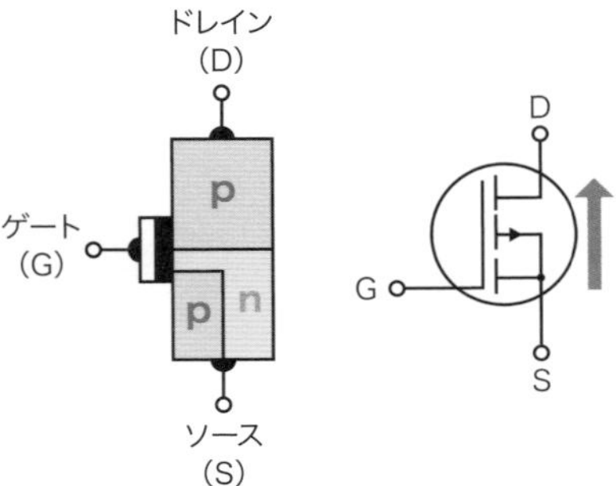

nチャネル型はゲートに電圧を加えるとゲート直下電子が集まり、電子の通り道（チャネル）が形成される。すると、ソース・ドレイン間に電流を流すことができる。つまり、ゲート電圧によってオン・オフを制御できる。pチャネル型はnチャネル型と反対の動きをする

Chapter

2

半導体のしくみ

半導体がこれほど普及したのは、
増幅・スイッチ・変換という機能をもっているからです。
本章では、その３つの機能が
どのようなものなのかを多角的に見ていきます。

本章のメニュー

半導体の基本的な機能

半導体は増幅、スイッチ、変換という３つの機能をもち、その機能をさまざまな場面で活用しています。

小さな信号を大きくする増幅

半導体の機能は、大きく３つに分類することができます。①**増幅**、②**スイッチ**、③**変換**です。

１つ目の増幅機能は、小さな電気信号を大きくするはたらきです。

テレビやラジオ、スマートフォンなど電波を使った無線通信を行う電子機器は、アンテナで微弱な電気信号を受信し、その信号を増幅します。そして増幅された信号が信号処理回路を通ると、音声として聞こえたり、画像として見たりできるようになるのです。

また、自動車には多くの**センサ**がついています。センサは圧力や加速度、温度や湿度など測定したい物理量を電気信号に変換しますが、その信号は非常に微弱なので、電波と同じように増幅させなければいけません。こうした場面で、半導体の増幅機能が使われています。

計算・記憶処理をするスイッチ

２つ目のスイッチ機能は、電気信号をオン・オフするはたらき、すなわち電気を流したり止めたりする役割です。

このオン・オフの状態を**２進数**の「1」と「0」に対応させるとデジタル回路を組むことができ、計算したり記憶したりすることが可能になります。

計算処理を行う**CPU**やデータの記憶を行う**メモリ**はスイッチ機能を利用した半導体で、スマホやパソコンなどには必ず使用されています。

光や力を電気に変換する変換

３つ目の変換機能は、光や力などを電気に変えるはたらきです。

この機能では、電波を電気信号に変換してテレビやラジオ、スマホなどの電子機器のなかで扱えるようにしたり、電子機器のなかの情報を電波にして外部に送信したりします。

実は、**太陽電池**も半導体の一種です。「電池」とはいうものの、電気を蓄える電池ではなく、太陽からの光のエネルギーを電気に変換する半導体です。

スマホのカメラは、**イメージセンサ**が光を電気信号（画像）に変換しています。**発光ダイオード**や**レーザ**はその逆で、電気を光に変換しています。

半導体の3つの機能

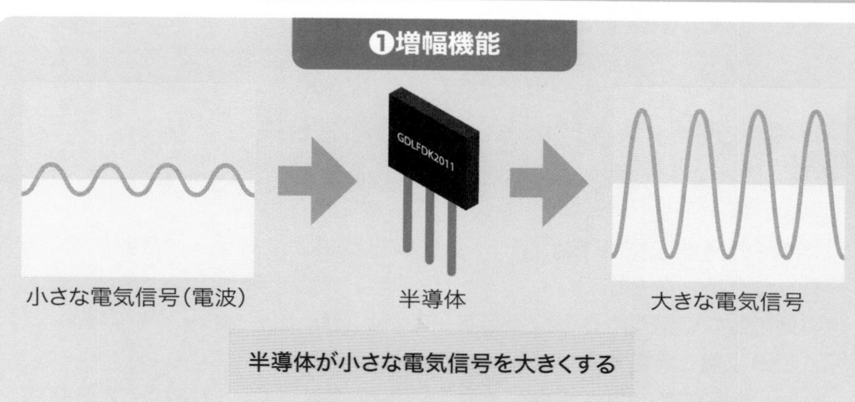

❶増幅機能
GDLFDK2011
小さな電気信号（電波）
半導体
大きな電気信号
半導体が小さな電気信号を大きくする

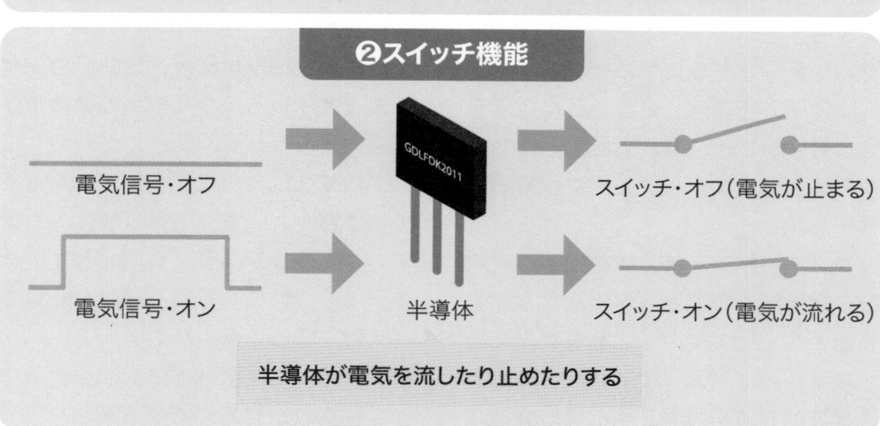

❷スイッチ機能
GDLFDK2011
電気信号・オフ
スイッチ・オフ（電気が止まる）
電気信号・オン
半導体
スイッチ・オン（電気が流れる）
半導体が電気を流したり止めたりする

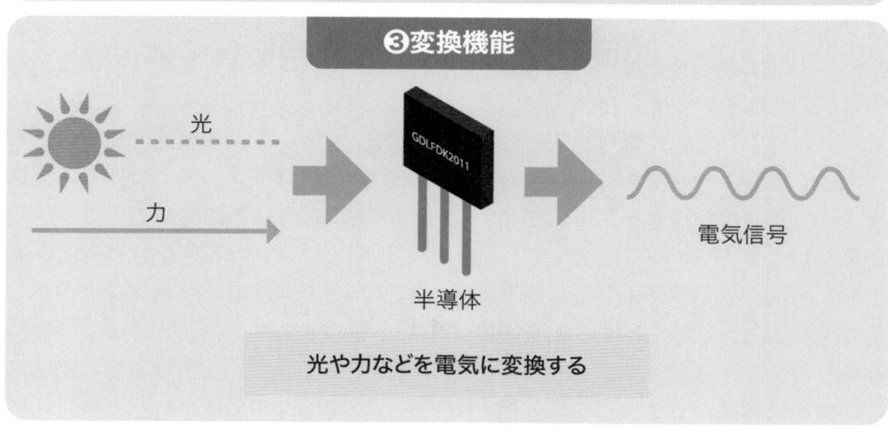

❸変換機能
光
力
GDLFDK2011
電気信号
半導体
光や力などを電気に変換する

増幅機能
増幅とは何か？

小さな電気信号を大きくする増幅機能。
半導体デバイスを用いることで増幅させることができます。

「増幅」の意味を掘り下げる

半導体の３つの機能のひとつである**増幅**。この言葉を辞書で引いてみると、「入力信号の振幅変化を拡大し、それよりも大きいエネルギーの出力信号を得ること」とあります。

まず「入力信号」については電気をはじめとして光、音、力といったものが考えられますが、一般的には電気信号を意味します。

次に「振幅」とは、波の大きさ（厳密には振動の中心から最大変位までの距離）のことなので、「振幅変化を拡大する」とは、入ってきた波よりも大きな波にして出力する、という意味になります。

そして「出力信号」とは、入力信号の電流、電圧を大きくした信号のことです。入力された元の信号を継ぎ足して大きくするのではなく、元の信号を大きくコピーした信号を生み出すことを意味します。

要するに、入力信号よりも大きなエネルギーの出力信号を得ることを増幅というのです。なお、増幅させるための装置を**増幅器**、あるいは**増幅回路**といいます。オーディオ機器の増幅器を「アンプ」と呼ぶのは、増幅の英訳である「amplification（アンプリフィケーション）」に由来します。

増幅させるにはデバイスが必要

増幅させるためには、増幅用の**デバイス（素子）**とエネルギーの供給源が必要です。

デバイスは古くは**真空管**でつくられていましたが、現在では半導体でできている**トランジスタ**で構成されています。真空管には多くの課題があり（P51）、それらを克服しようと、ベル研究所で20世紀半ばにトランジスタが発明された経緯があります。

そのトランジスタに、外部からのエネルギーとして適切な条件の**電圧（バイアス電圧）**を加えることによって、入力信号よりも大きな信号を出力できます。トランジスタが半導体の増幅機能を実現しているのです。

トランジスタが実用化されると、真空管からの置き換えが急速に進みました。そして現在では、オーディオ機器の真空管アンプのような特殊な用途にしか真空管は使用されていません。

増幅機能と半導体

増幅：入力信号よりも大きなエネルギーの出力信号を得ること

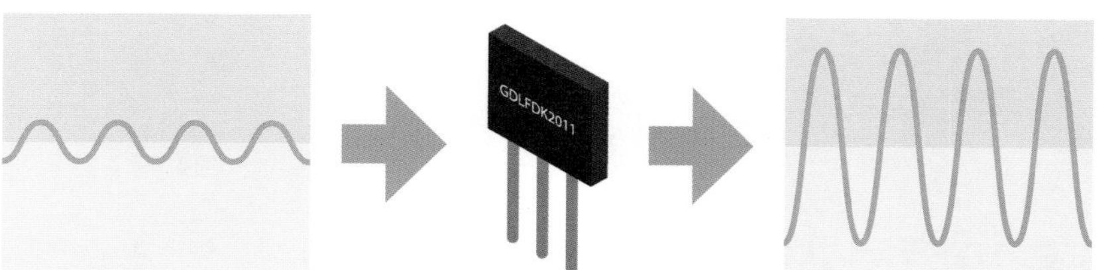

入力信号（小さなエネルギー）　デバイス　出力信号（大きなエネルギー）

増幅させるためにはデバイスが必要になる

かつて
真空管が用いられていたが、使い勝手がよくなかった

現在
トランジスタで構成された半導体デバイスが用いられる

豆知識

トランジスタは20世紀最大の発明品

　トランジスタが発明されたのは、アメリカのベル電話研究所（ベル研）でした。ベル研は電話の発明者として有名なグラハム・ベルが設立したアメリカ電話電信会社（AT&T）傘下の研究所です。

　AT&Tは長距離通信網の建設を進めていましたが、1930年代当時は真空管を多数使用して音声信号を増幅させ、電話の声を大きくしていました。しかし、真空管は寿命が短いため故障が多く、改善の必要に迫られていました。

　そうしたなか、ベル研では真空管の代替品になりうるデバイス（増幅器）の開発を開始。ウィリアム・ショックレーを中心に理論物理学者ジョン・バーディーンや実験物理学者ウォルター・ブラッテンらが集まり、研究を進めていきます。何度も実験に失敗し、なかなか増幅器を実現できませんでしたが、1947年にゲルマニウムを使った実験により、電流の増幅作用が生まれることを発見します。

　こうして増幅器が実現され、トランジスタが誕生。半導体の世界がひらける契機となったのです。

増幅機能

増幅機能のしくみ

バイポーラ型トランジスタの特徴を用いて、増幅機能のしくみをみていきます。

2種類のトランジスタ

前章で解説したように、**トランジスタ**には**バイポーラ型**と**MOS 型**があり、単に「トランジスタ」という場合はバイポーラ型を指します。ここでは、そのバイポーラ型トランジスタの動作原理と増幅機能についてみていきます。

なお、MOS 型トランジスタについては、スイッチ機能の頁（P56 〜）で取り上げています。

npn型とpnp型

バイポーラ型トランジスタは３層構造になっており、２つのタイプに分かれます。

１つは非常に薄い p 型半導体を両側から n 型半導体で挟むように接合した **npn トランジスタ**、もう１つは n 型半導体を両側から p 型半導体で挟むように接合した **pnp トランジスタ**です。その構造から、バイポーラ型トランジスタは**接合型トランジスタ**とも呼ばれます。

npn トランジスタと pnp トランジスタは、どちらも両端が**エミッタ**と**コレクタ**、中央部分が**ベース**という電極端子になっています。エミッタは「放出する」という意味で、ここでは電子や正孔（ホール）などのキャリアを注入する端子を指します。コレクタは「集める」という意味で、キャリアを収集する端子を指します。そしてベースはエミッタからコレクタに流れるキャリアを制御する端子、言い換えるとトランジスタを制御する基盤となる端子を指します。

この npn トランジスタと pnp トランジスタの構造を回路記号（右図）でみると、両者がよく似ていることがわかるでしょう。異なる点といえば、エミッタ端子の矢印が逆向きであるところだけです。

オンの状態とオフの状態

次は npn トランジスタを使って、バイポーラ型トランジスタの動作原理を解説します。

ベース・エミッタ間、ベース・コレクタ間は **pn 接合**になっています。コレクタ・エミッタ間に電圧 V_{CE}（コレクタ側をプラス、エミッタ側をマイナ

バイポーラ型トランジスタの構造

npnトランジスタの構造

基本構成

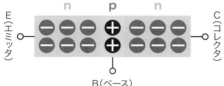

n　p　n

E（エミッタ）

C（コレクタ）

B（ベース）

回路記号

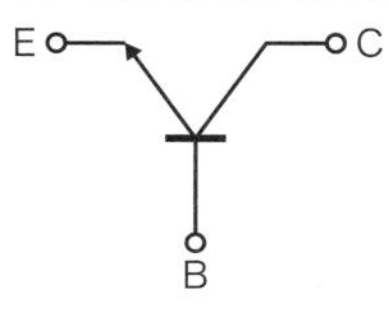

※矢印の向きは電流方向を示す

pnpトランジスタの構造

基本構成

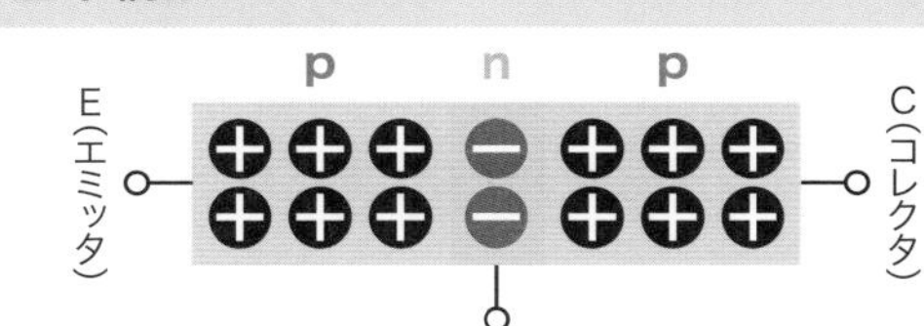

回路記号

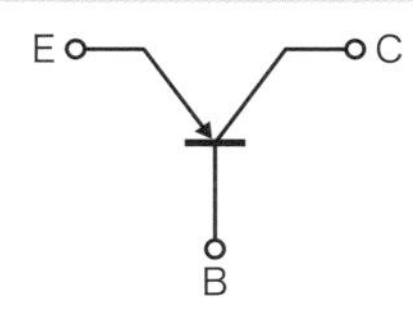

※矢印の向きは電流方向を示す

バイポーラ型トランジスタ（npn型）の動作原理

オフの状態のとき　　オンの状態のとき

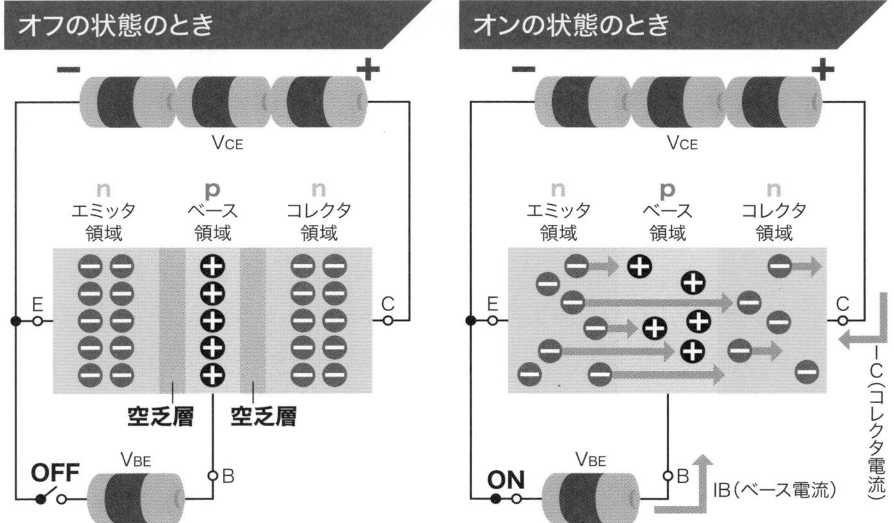

※V：電圧、I：電流、Vce：コレクタ（C）・エミッタ（E）間に加えられる電圧、Vbe：ベース（B）・エミッタ（E）間に加えられる電圧

ス）を加えた場合、それだけではnpn内の一部に**逆方向バイアス**が加えられているため、電流は流れません。これはすなわち、npnトランジスタがオフの状態です。

では、ベース・エミッタ間に入力となる電圧V_{BE}（ベース側をプラス、エミッタ側をマイナス）を加えるとどうでしょうか。

この場合、ベース・エミッタ間のpn接合に**順方向バイアス**が加えられており、V_{BE}がV_F以上になったときにベース電流I_Bが流れます。

電子はエミッタからベースに向かっていき、一部はベースに流れますが、ベース領域は非常に薄くつくられているため、多くの電子がコレクタ領域へ流れ込み、コレクタ電流になります。このとき、npnトランジスタはオンの状態です。

増幅機能を数式で表すと……

ベース電流をコレクタ電流と比較すると、とても小さい値を示します。つまり、入力信号である小さなベース電流を大きなコレクタ電流に増幅させたことになります。一般に、コレクタ電流はベース電流の100倍程度になります。

この増幅機能を数式で表すと、エミッタ電流I_Eはベース電流I_Bとコレクタ電流I_Cの和になるので、

【$I_E = I_B + I_C$】

と示すことができます。

また、ベース電流I_Bとコレクタ電流I_Cの比を**電流増幅率**h_{FE}といい、

【$h_{FE} = I_C \div I_B$】

という関係が成立します。増幅率とは、入力信号に対して出力信号がどれだけ大きくなったかを示す指標です。

つまり、あるh_{FE}の値をもつnpn型トランジスタを使った増幅回路をつくることにより、入力電流I_Bに対してh_{FE}倍の出力電流I_Cを得ることができるのです。

pnpトランジスタに関しても、同様の動作原理によって増幅機能やスイッチ機能を示します。ただし、電圧を加える方向がnpnトランジスタとは逆向きになります。

ダーリントン接続で増幅率アップ

増幅率を上げる方法のひとつとしては、**ダーリントン接続**（またはダーリントン回路）というものもあります。

ダーリントン接続では、トランジスタ同士を接続します。接続された2つのトランジスタは、1つのトランジスタと等価のものとして扱うことができます。

1つの目のトランジスタの電流増幅率h_{FE1}を、2つ目のトランジスタの電流増幅率h_{FE2}とすると、全体の電流増幅率h_{FE}は【$h_{FE} = h_{FE1} \times h_{FE2}$】となるため、非常に大きな増幅率を得ることができるのです。

増幅機能を回路図でみる

npnトランジスタの回路図

IB（ベース電流）

IC（コレクタ電流）

IB（ベース電流）

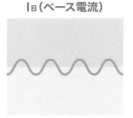

B　C　E

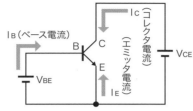

IC（コレクタ電流）

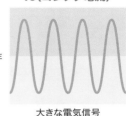

IE（エミッタ電流）

VBE　VCE

小さな電気信号

大きな電気信号

ICはIBに対してhFE倍に増幅される
hFEは小さくとも10以上あり、一般的には100から数百倍程度となる

ダーリントントランジスタのしくみ

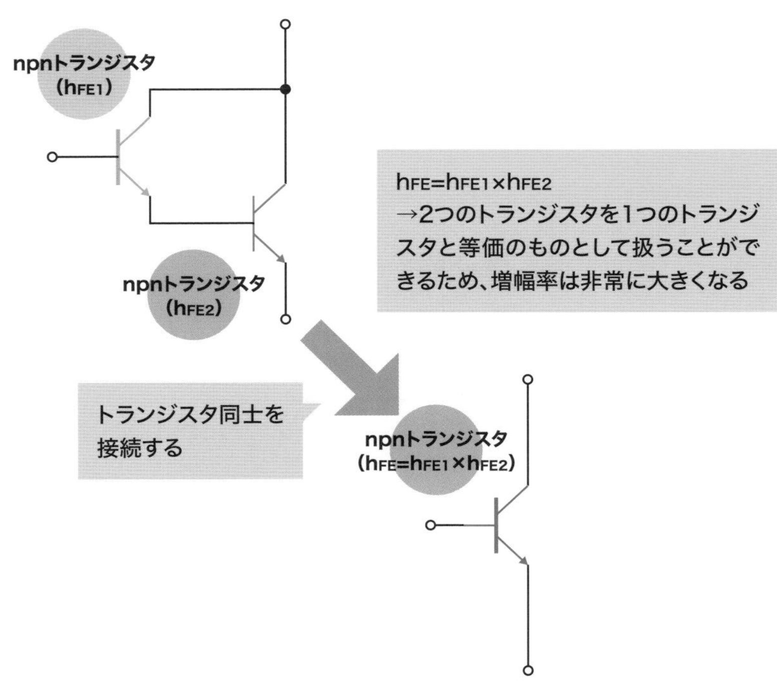
npnトランジスタ
(hFE1)
npnトランジスタ
(hFE2)
hFE=hFE1×hFE2
→2つのトランジスタを1つのトランジスタと等価のものとして扱うことができるため、増幅率は非常に大きくなる
トランジスタ同士を接続する
npnトランジスタ
(hFE=hFE1×hFE2)

スイッチ機能
ロジック半導体・メモリ

スマートフォンやパソコンが計算や記憶ができるのは、半導体のスイッチ機能のおかげです。

「計算」に使うロジック半導体

半導体の機能の2つ目は**スイッチ**です。電気信号のオン・オフを切り替え、電気を流したり止めたりする機能をスイッチといいます。部屋の電気をつけたり消したりする装置が、スイッチのわかりやすいイメージです。

この半導体のスイッチ機能により、**計算**したり、**記憶**したりすることができるようになります。電気信号のオン・オフの状態を、2進数の「0」と「1」に対応させるとデジタル回路を構成することができ、デジタル回路によって計算と制御が可能になります。また、「0」と「1」という情報を電子の有無によって記憶することができます。

計算と記憶の詳しい原理については後述するとして、ここでは計算と記憶に使用する半導体を紹介しましょう。

論理演算、つまり計算をするための半導体が**ロジック半導体**です。論理演

ロジック半導体とは

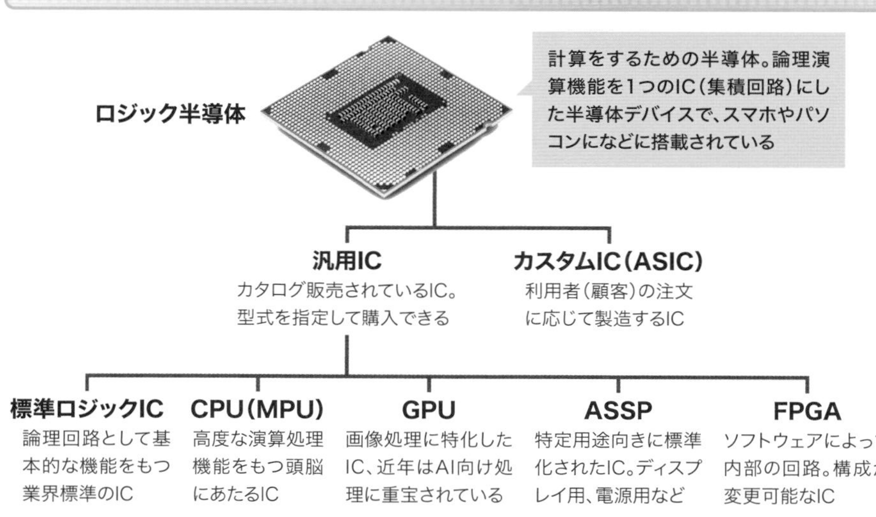

ロジック半導体
計算をするための半導体。論理演算機能を1つのIC(集積回路)にした半導体デバイスで、スマホやパソコンになどに搭載されている
汎用IC
カタログ販売されているIC。型式を指定して購入できる
カスタムIC(ASIC)
利用者(顧客)の注文に応じて製造するIC
標準ロジックIC
論理回路として基本的な機能をもつ業界標準のIC
CPU(MPU)
高度な演算処理機能をもつ頭脳にあたるIC
GPU
画像処理に特化したIC、近年はAI向け処理に重宝されている
ASSP
特定用途向きに標準化されたIC。ディスプレイ用、電源用など
FPGA
ソフトウェアによって内部の回路。構成が変更可能なIC

算機能を１つのIC（集積回路）にした半導体デバイスで、スマートフォンやパソコンに**CPU（中央演算処理装置）**などとして搭載されます。

またロジック半導体は、**汎用IC**と**カスタムIC（ASIC）**（エーシック）に分類することができます。汎用ICとは、カタログ販売されているICのこと。カタログに性能や機能が明記されており、型式を指定して購入することができます。標準ロジックIC、CPU、GPU、ASSP、FPGAなどが代表的な汎用ICです。一方、顧客の注文に応じてつくるICをカスタムICといいます。

「記憶」に使うメモリ

プログラムやデータなどの情報を記憶するための半導体が**メモリ**です。スマートフォンやパソコン、家電などの記憶媒体に使われる身近な存在です。

メモリには、電源を切ると記憶情報が消えてしまう**揮発性メモリ**と、電源を切っても記憶情報が消えない**不揮発性メモリ**があります。

揮発性メモリの代表例としては、**DRAM**が挙げられます。一方、不揮発性メモリの代表例としては、**フラッシュメモリ**が挙げられます。スマホやパソコンの主記憶装置として使用されているのがDRAMで、同じくスマホやパソコンでデータ保存用に使用されているのがフラッシュメモリです。

ここに紹介したロジック半導体とメモリは、どちらもMOS型トランジスタを使ってつくられています。

メモリとは

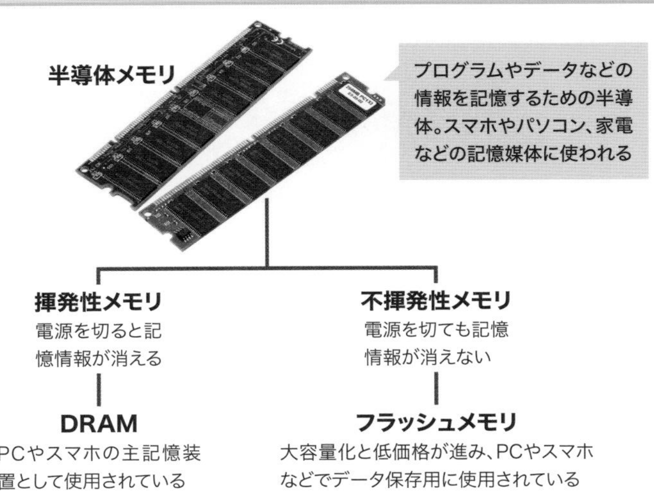
半導体メモリ
プログラムやデータなどの情報を記憶するための半導体。スマホやパソコン、家電などの記憶媒体に使われる
揮発性メモリ
電源を切ると記憶情報が消える
不揮発性メモリ
電源を切っても記憶情報が消えない
DRAM
PCやスマホの主記憶装置として使用されている
フラッシュメモリ
大容量化と低価格が進み、PCやスマホなどでデータ保存用に使用されている

スイッチ機能

MOSFET

ロジック半導体やメモリに使われているMOSFETは、電圧によって流れる電流を制御します。

MOSFETの基本構造

ロジック半導体やメモリなどに使われている**MOS型トランジスタ**は、正式にはMOS電界効果トランジスタ（MOS Field Effect Transistor：MOSFET）といいます。「MOS」を冠しているのは、その構造がMetal（金属）-Oxide（酸化膜）-Semiconductor（半導体）の３層になっていることに由来します。バイポーラ型トランジスタ（P52〜）がベース電流によってコレクタ電流を制御するのに対し、MOSFETは電界（電圧）によって流れる電流を制御します。

MOSFETはn型半導体とp型半導体を組み合わせてつくられています。中央に**ゲート**（バイポーラ型のベースに相当）、左右に**ソース**（バイポーラ型のエミッタに相当）と**ドレイン**（バイポーラ型のコレクタに相当）の３端子が存在し、ゲートに電圧を加えたり

MOSFETの基本構造

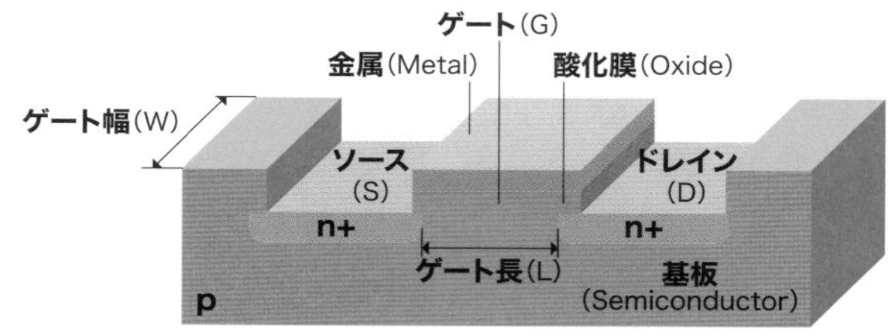

断面図（nチャネル型=NMOS）

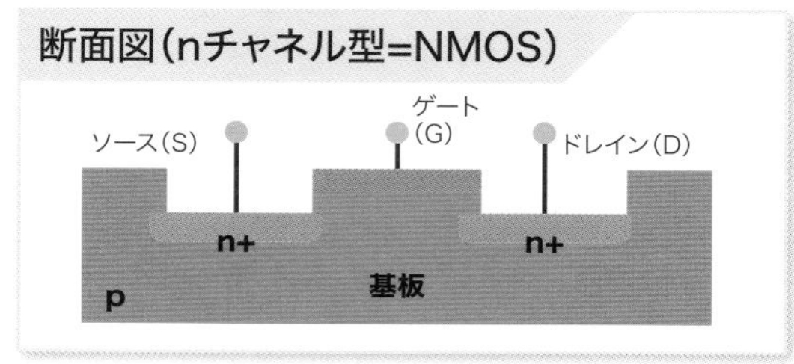

加えなかったりすることによって、ソースとドレイン間に流れる電流を制御します。

また電流が流れる領域を**チャネル**といい、チャネルの種類がn型でチャネル内を電子が流れるMOSFETを**nチャネル型（NMOS）**、チャネルの種類がp型でチャネル内を正孔が流れるMOSFETを**pチャネル型（PMOS）**と区別しています。

nチャネル型の動作原理

MOSFETの動作原理について、NMOSを例にしてみていきましょう。

まずソースとドレインの間にドレイン電圧 V_{DS}（ドレイン側をプラス、ソース側をマイナス）を加えますが、ゲート電圧を加えない状態では、ドレインとソースの間で電子の移動がなく、電流は流れません。

次にゲート電圧 V_{GS}（ゲート側をプラス、ソース側をマイナス）を加えると、p型基板に少しだけ存在する電子がゲート酸化膜直下に引き寄せられます。引き寄せられた領域にはソースとドレインの間の電子の通り道が形成され、電流を流せるようになります。

ゲート電圧を加えてチャネルが形成され、最初に電流が流れるときの電圧を**しきい値電圧**（V_{th}）といいます。つまりNMOSでは、V_{GS} が V_{th} 以上のときにオンの状態、V_{GS} が V_{th} より小さいときにオフの状態になります。これがMOSFETにおけるスイッチ機能のしくみです。

MOSFETの動作原理

オフの状態のとき

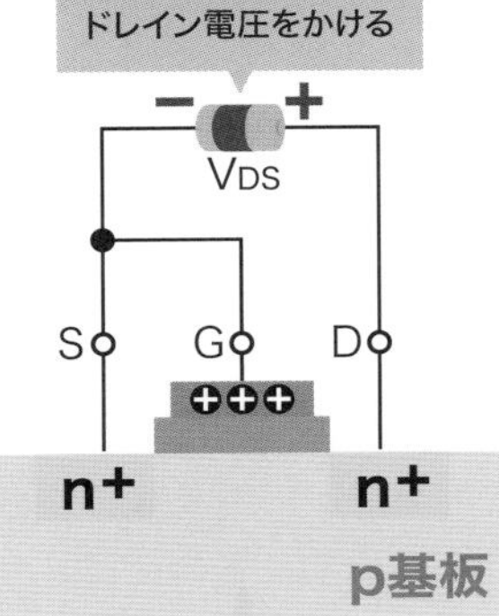

ゲートに電圧がかからないため、ドレインとソースの間で電子の移動がなく、電流は流れない

オンの状態のとき

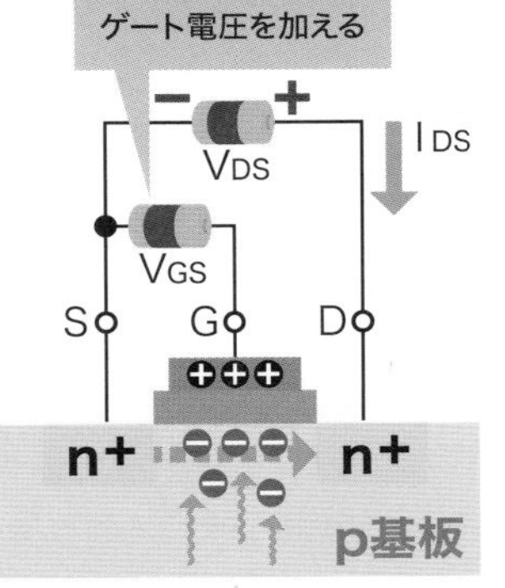

p基板のなかに存在する電子がゲート酸化膜直下に引き寄せられ、ソースとドレインの間の電子の通り道が形成されて電流が流れる

スイッチ機能
CMOS

CMOSはNMOSとPMOSを組み合わせて構成された半導体。ICではこれが最も使用されています。

NMOSとPMOSが補完し合う

MOSFETを組み合わせた半導体に、**CMOS**があります。CMOSとはComplementary（コンプリメンタリー） MOS（モス）の略で、Complementaryは日本語で「補完的、相補的」を意味します。NMOSとPMOSが互いの動作を補完するように組み合わせて構成されていることから、こう名づけられました。

CMOSの構造はNMOSとPMOSのゲート同士を接続して入力端子とし、ドレイン同士を接続して出力端子とします。そしてPMOSのソースを電源とし、NMOSのソースを接地します。

この状態で入力端子（IN）に電圧を加えると、PMOSはオフ、NMOSはオンとなり、出力端子（OUT）はNMOSを通って接地側と接続されます。回路の基準電位である接地側なので、これは0Vとなります。

次に入力端子の電圧を加えない場合、PMOSはオン、NMOSはオフとなり、出力端子はPMOSを通って電源に接続されます。そのため、電源の電圧が出力されます。

この一連の動作をまとめると、入力に電圧を加えると出力は0、入力を0にすると電圧が出力されます。これは否定（NOT）を示す回路（**インバータ回路**）ということになります。

低消費電力が最大の強み

現在では、ほとんどのICでCMOSが使われています。なぜなら、CMOSは圧倒的な低消費電力だからです。

CMOSでは、PMOSかNMOSのどちらか一方が必ずオフ状態となります。したがって、電源から接地側へ無駄な電流が流れないのです。

CMOSと同じようなインバータ回路は、NMOSやPMOS単独でもつくることができます。しかしその場合、必ず電源から接地側へ電流が流れ続けることになるため、消費電力を大きくしてしまいます。

ICには多くのトランジスタ（この場合はMOSFET）が集積されます。トランジスタの数が増えると消費電力とともに発熱も大きくなり、誤動作の原因になります。その点でも、消費電力が小さいCMOSはICに適した回路構造といえるのです。

CMOSの回路構成

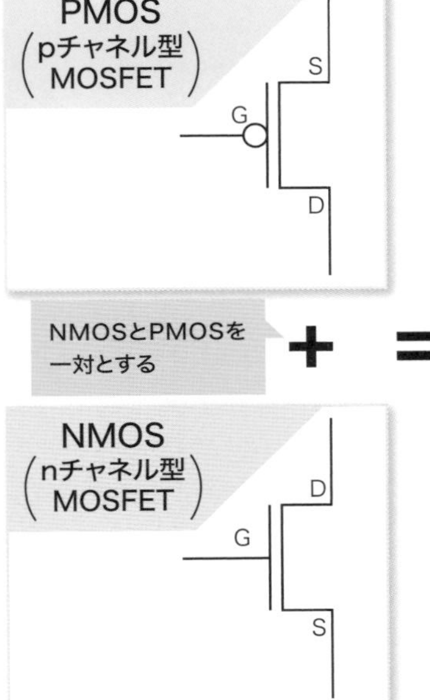

＋ ＝

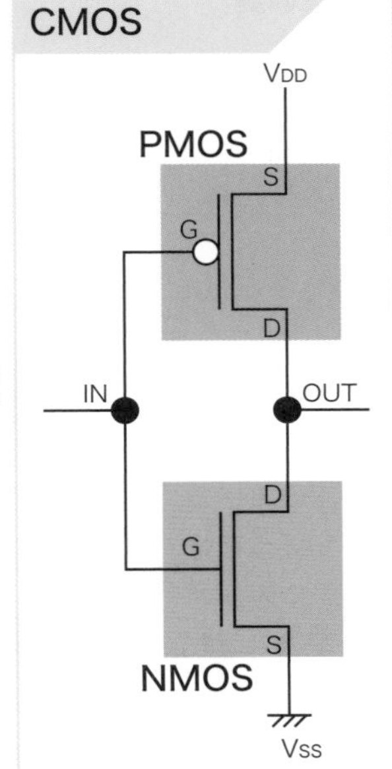

NMOSとPMOSが
互いに補完し合う回
路構成になっている

VDD
ドレイン側の電圧：電源
Vss
ソース側の電圧：接地

CMOSの動作状態

CMOSインバータの入力が IN=1Vのケース

VDD
PMOS
IN
1V
OUT
0V
NMOS
Vss

無効な電流
VDD
OFF
IN
OUT
Vss
負荷
ON
Vss
有効な電流

PMOS：OFF、NMOS：ONのとき、
VDDからOUT側へ電流が流れない

CMOSインバータの入力が IN=0Vのケース

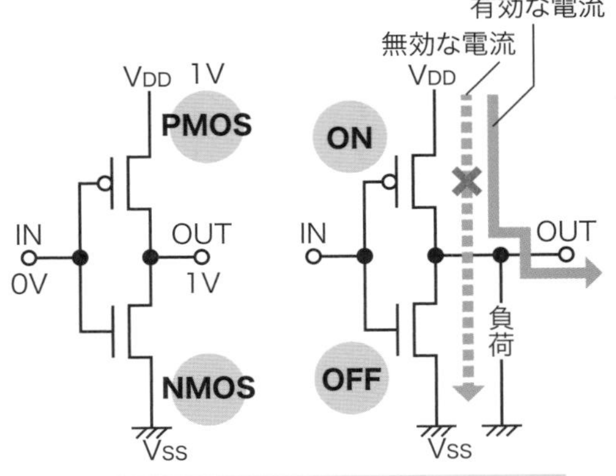

PMOS：ON、NMOS：OFFのとき、
VDDからOUT側へ電流が流れる

スイッチ機能

デジタル回路

CMOSを組み合わせるとデジタル回路をつくることができます。その動作原理を考えてみましょう。

3種類のデジタル回路

電子回路には、**アナログ回路**と**デジタル回路**があります。アナログ回路が電圧、高周波、音といった連続する信号（アナログ信号）を取り扱うのに対し、デジタル回路は0と1で表現される2値（デジタル信号）を取り扱い、論理演算や記憶などを行います。

ここではデジタル回路の動作原理について、デジタル回路に最適な**CMOSインバータ**を例に解説します。

デジタル信号の0と1の状態は電圧の高低で表すことができ、これをトランジスタや抵抗などを使って電子回路を構成します。CMOSインバータを当てはめると、入力が0の場合に出力が1となり、入力が1の場合に出力が0となります。これをデジタル回路で使用する論理演算では**NOTゲート**（論理否定）といいます。

NOTゲートのほか、基本的な演算

デジタル信号と0と1の判定

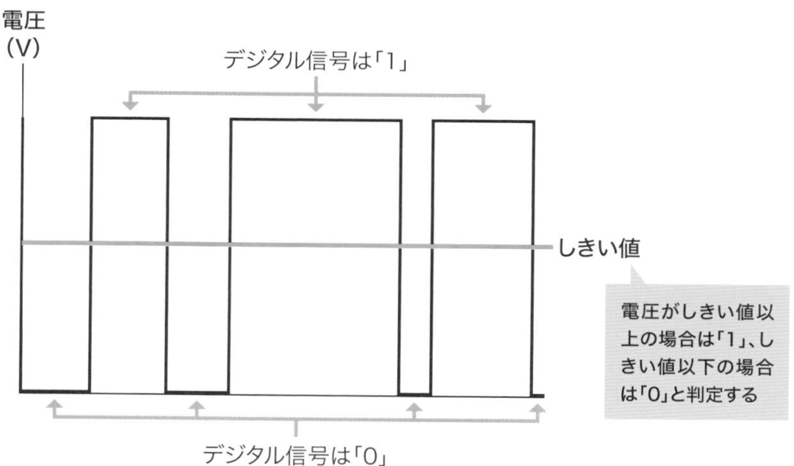
電圧
(V)
デジタル信号は「1」
しきい値
電圧がしきい値以上の場合は「1」、しきい値以下の場合は「0」と判定する
デジタル信号は「0」

回路としては**ANDゲート**（論理積）と**ORゲート**（論理和）があります。

ANDゲートは、すべての入力が1のときだけ出力が1になり、そのほかのケースでは出力がすべて0になる論理演算回路です。下図のようにAとBの2入力の場合、入力値が0と1になるので、組み合わせは4通りです。このときA・Bがどちらも1のときのみ出力が1となり、残りの3通りの出力は0です。

ORゲートは、すべての入力が0のときだけ出力が0になり、そのほかのケースでは出力がすべて1になる論理演算回路です。下図のようにAとBの2入力の場合、A・Bがどちらも0のときのみ出力が0となり、残りの3通りの出力は1です。

CMOSでどんな回路も製造可能

NOTゲート、ANDゲート、ORゲートを組み合わせると、加算回路や減算回路などの**演算回路**を構成することができます。

IC内には多数のCMOS回路が集積されますが、実際のICにはANDゲートやORゲートではなく、その出力を反転させた**NANDゲート**と**NORゲート**が使用されます。

半導体では回路を構成する際、トランジスタの数をなるべく少なくすることが求められます。NOTゲート・ANDゲート・ORゲートとNANDゲート・NORゲートを比べると、後者のほうが少ないトランジスタで回路を構成できるため、ICに使われるのです。

ANDゲートとORゲート

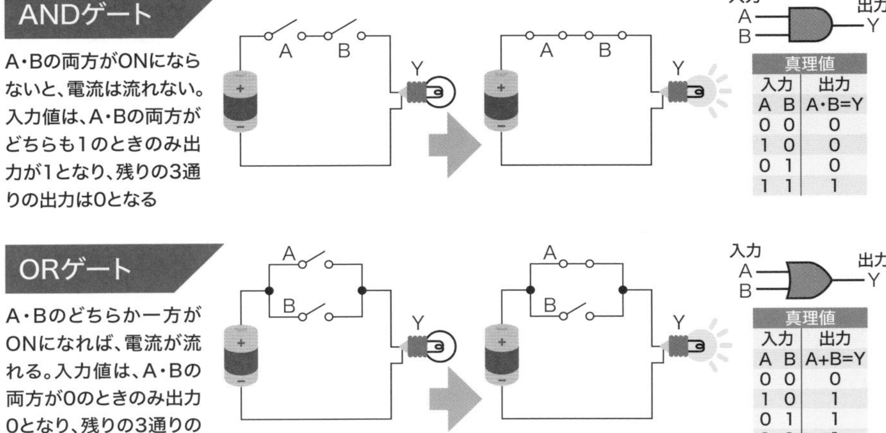
ANDゲート
A・Bの両方がONにならないと、電流は流れない。入力値は、A・Bの両方がどちらも1のときのみ出力が1となり、残りの3通りの出力は0となる
A
B
Y
入力
出力
ORゲート
A・Bのどちらか一方がONになれば、電流が流れる。入力値は、A・Bの両方が0のときのみ出力0となり、残りの3通りの出力1となる

真理値		
入力		出力
A	B	A・B=Y
0	0	0
1	0	0
0	1	0
1	1	1

真理値		
入力		出力
A	B	A+B=Y
0	0	0
1	0	1
0	1	1
1	1	1

スイッチ機能

加算機

NOT、OR、ANDの論理回路を組み合わせてつくった加算機は、足し算をすることができます。

10進数と2進数の違い

NOTゲート、ANDゲート、ORゲート、NANDゲート、NORゲートなどのゲートを複数個組み合わせることで構成される回路を、**組み合わせ回路**といいます。組み合わせ回路のひとつが、加算（足し算）の機能をもつ**加算機**です。

ここでは加算機を例にして、半導体で計算ができるしくみをみていきます。

日常生活で使われる**10進数**では、0から9までいくと桁が上がって10になります。一方、**2進数**では0と1だけで数を表すので、1の次で桁が上がって10、11の次でまた桁が上がって100……と続きます。

2進数を10進数に変換する場合、各桁の数に重みを掛けて合算します。2進数の1は2の0乗なので10進数の1に、2進数の10は2の1乗なので10進数の2に、2進数の

2進数と10進数

0と1だけで数を表す。1の次で桁が上がって10、11の次でまた桁が上がって100……と続く

2進数	10進数
0	0
1	1
10	2
11	3
100	4
101	5
110	6
111	7
1000	8
1001	9
1010	10
1011	11
1100	12
1101	13
1110	14
1111	15

桁上がり（2進数：1→10、11→100、111→1000）　桁上がり（10進数：9→10）

0と9までの数字で数を表す。つまり、10ずつで1つ桁が上がる。9の次で桁が上がって10、19の次で桁が上がって20……と続く

100は2の2乗なので10進数の4、2進数の1000は2の3乗なので10進数の8に……といった具合です。

これをふまえて2進数の計算を考えてみると、2進数の0+0は0、0+1は1、そして2進数の1+1は桁が上がって10になります。桁上げは**キャリー**と呼ばれます。こうした計算を、半導体で実現するのが加算器です。

加算器が計算するしくみ

加算機には、**半加算器**（HA：Half Adder）と**全加算器**（FA：Full Adder）があります。

半加算器は下位の桁からの桁上がり（キャリー）を考慮しません。AとBの2つの入力に対して、両者の合計であるS（Sumの頭文字で和の意味）とC（Carry：キャリーの頭文字）を出力します。AとBが0の場合はSとCは0、Aが0、Bが1のとき（その反対も同様）はSが1、Cが0となります。そしてAとBが1のときはSが0、Cが1になります。この入出力の関係をAND回路とOR回路、NOT回路で実現でき、それが実際にはCMOS回路で構成されるのです。

全加算器は、下位の桁からの桁上げも考慮します。その構成はやや複雑になりますが、半加算器2つとOR回路1つを使って実現できます。

このように半導体を利用すると、計算ができます。より複雑な計算や処理の場合、IC内に多くのCMOSなどが集積され、動作することになります。

半加算機・全加算機のしくみ

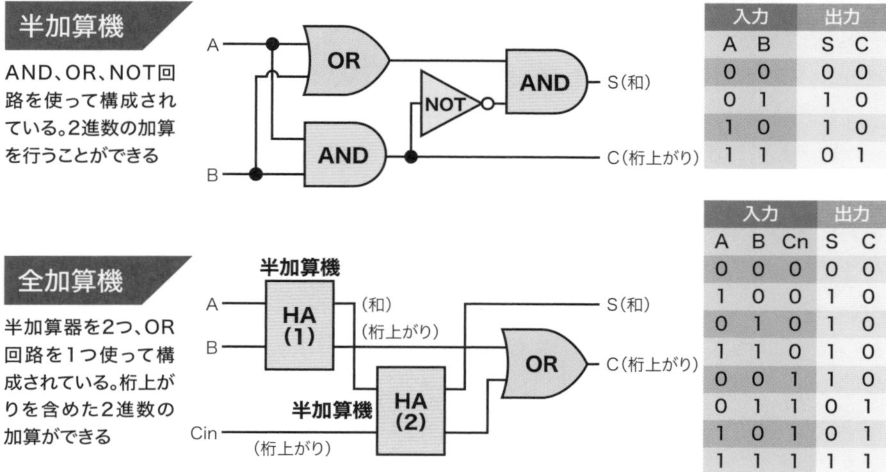

入力		出力	
A	B	S	C
0	0	0	0
0	1	1	0
1	0	1	0
1	1	0	1

入力			出力	
A	B	Cn	S	C
0	0	0	0	0
1	0	0	1	0
0	1	0	1	0
1	1	0	1	0
0	0	1	1	0
0	1	1	0	1
1	0	1	0	1
1	1	1	1	1

スイッチ機能
CPU

スイッチ機能はデータを記憶するだけなく、プログラムを記憶して実行することもできます。

人間の脳に相当するMPU

コンピュータを構成するうえで欠かせない5つの機能、すなわち入力、記憶、制御、演算、出力を「コンピュータの5大装置（5大要素）」といいます。このうち、プログラムに書かれている命令を解釈・実行する制御装置と、算術・論理演算を行う演算装置の2つは、一般的に1つの半導体チップに集積されています。その半導体チップが**MPU**です。

MPUとは、Micro Processing Unitの略で、マイクロプロセッサとも呼ばれます。MPUは中央演算処理、データ処理、制御、判断などを行うコンピュータの中枢部分に使われており、人体に例えると「脳」に相当します。

MPUの処理能力はビット数が大きいほど上がり、処理速度は動作周波数が高いほど大きくなります。

ちなみにMPUと**CPU**（Central Processing Unitの略）は、同義語として使われています。現在はCPUのほうが一般的になっているので、これ以降はCPUとして解説を進めていきます。

CPUの性能を上げるには？

CPUの処理速度は動作周波数に左右され、動作周波数が高いほど処理速度が大きくなります。しかし、動作周波数が高くなるにつれて負荷が大きくなり、高い熱が発生するため、CPUの故障につながります。そこで最近では、**マルチコアプロセッサ**を使って性能を向上させるようになりました。

マルチコアプロセッサとは2つ以上の**コア**（独立して機能する制御・演算装置）を、1つの半導体チップに集積したCPUのことです。コアの数に応じて複数のプログラムを並列処理できるので、動作周波数を上げなくても性能向上をはかることができます。

マルチコアプロセッサには、搭載しているコア数が1つだけの**シングルコア**をはじめ、2つのコアを搭載している**デュアルコア**、4つのコアを搭載している**クアッドコア**、6つのコアを搭載している**ヘキサコア**などがあり、現在は複数のものが主流になっています。コア数が多いほど全体としての性能が向上し、同時に実行可能なプログラムの数も増えます。

CPUの役割

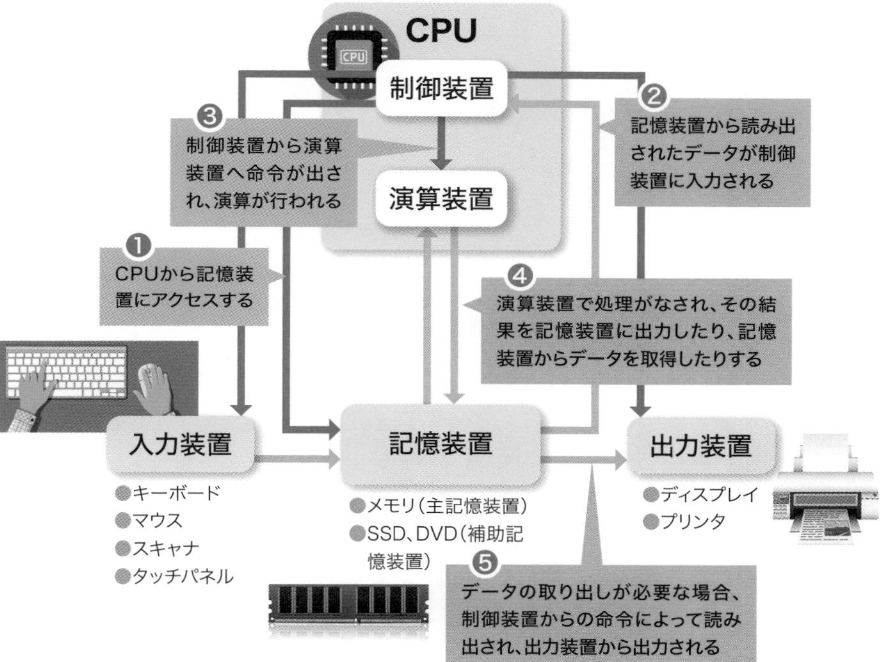
CPU
制御装置
演算装置
❶ CPUから記憶装置にアクセスする
❷ 記憶装置から読み出されたデータが制御装置に入力される
❸ 制御装置から演算装置へ命令が出され、演算が行われる
❹ 演算装置で処理がなされ、その結果を記憶装置に出力したり、記憶装置からデータを取得したりする
❺ データの取り出しが必要な場合、制御装置からの命令によって読み出され、出力装置から出力される
入力装置
記憶装置
出力装置
●キーボード
●マウス
●スキャナ
●タッチパネル
●メモリ(主記憶装置)
●SSD、DVD(補助記憶装置)
●ディスプレイ
●プリンタ

豆知識

CPUをつくる企業

CPUは、アメリカのインテルが1971年に4ビットマイクロプロセッサ「4004」を開発しました。4004は約2300個のMOSFETを集積する世界初の商用マイクロプロセッサでした。それから50年以上が経過した今、1チップに数十億個のトランジスタを集積することが可能となり、インテルもパソコンやサーバ、モバイル向けCPUの製造においてリーディングカンパニーであり続けています。

そのインテルのライバルであり、近年、市場シェアを高めてきているのがAMD（Advanced Micro Devices）（アドバンスド マイクロ デバイシズ）です。当初はAMDもインテルと同じIDM企業でしたが、2009年に製造部門を分社化してファブレス企業（P140～）となりました。分社化されたグローバルファウンドリーズは、ファウンドリ企業となっています。

スイッチ機能

GPU

これからの社会を支えるスーパーコンピュータや人工知能。それらに不可欠な半導体がGPUです。

CPUを上回る計算速度

CPU とは別に、**GPU** という IC もあります。GPU とは Graphics Processing Unit の略で、日本語では画像処理装置の意味になります。その名のとおり、画像を描写するのに必要な演算処理を行うものです。

CPU は汎用的に設計されており、プログラムされたさまざまな命令を実行できますが、一度にこなせる数は限られてしまいます。一方、3 次元コンピュータグラフィックスや動画編集などの画像処理は、比較的単純な数値計算を同時に・大量に処理することが求められます。そこで設計開発されたのが GPU です。

GPU の計算速度は、特定の演算に限定すると、CPU の数倍から 100 倍以上になります。この機能により、画像描画に必要な数値計算を同時に・大量にこなせるのです。

画像処理以外の用途も

ただし、GPU は画像処理だけに用いられるわけではありません。

高い演算能力を利用して、**スーパーコンピュータ**や**AI(人工知能)**の**ディープラーニング**などにも利用されています。そのように GPU を画像処理以外に使うことを **GPGPU**（General Purpose computing on G P U）といいます。

スーパーコンピュータとは複雑かつ大規模な高速計算能力をもつコンピュータのことで、気候変動予測や新薬開発、新材料のシミュレーションなどに利用されています。このスーパーコンピュータの製造に GPU を利用すれば、専用設計で製造するよりも安価で実現できるケースがあります。

ディープラーニングとは、AI に学習させる機械学習の手法のひとつです。機械学習では大量のデータを取り扱い、その読み込み処理に時間がかかりますが、GPU を用いればその演算能力と並列処理能力で高速処理が可能です。そのため現在の AI 開発では、GPU が不可欠となっています。

最近では、GPU が ChatGPT などの生成 AI の大規模言語モデルの開発に必要な計算資源として大量に使われており、GPU 需要が激増しています。

CPUとGPUの違い

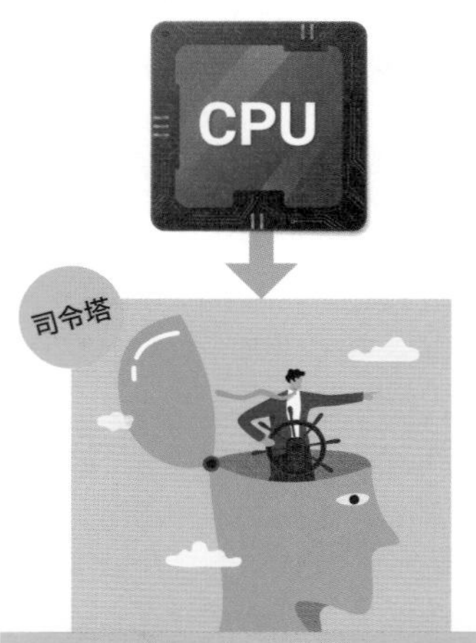

パソコンやサーバーの頭脳。司令塔のような存在。さまざまな命令を実行できるが、負荷が大きいと全体に悪影響を及ぼす

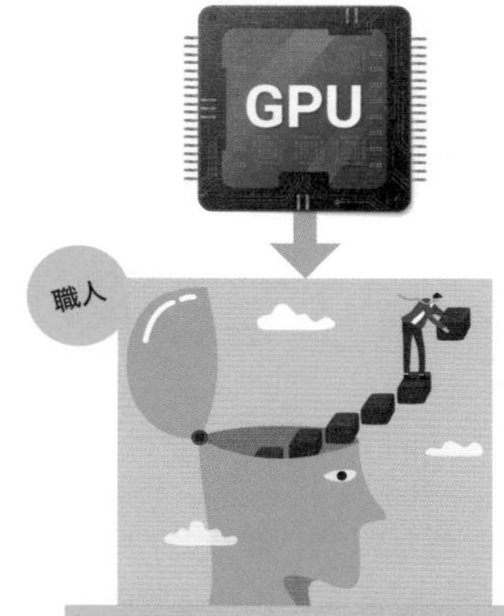

画像処理などに特化した職人のような存在。特定の演算の計算速度に優れ、CPUの負荷を軽減することができる

CPUとGPUの処理の仕方

CPU

複雑な計算 → 複雑な計算 → 複雑な計算 → 複雑な計算 → 複雑な計算 → 複雑な計算 → 結果

コンピュータの司令塔として、仕事を順番に処理していく。GPUなどに指示を出したりもする

GPU

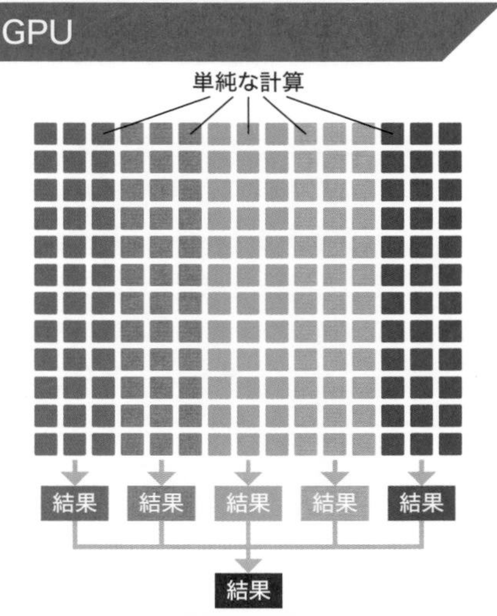

同じ処理を同時に行う。そのため情報量の多い画像の計算であっても、一度に膨大な量のの処理が可能

スイッチ機能
ASIC

デジタル家電や携帯電話、産業用ICなどの中枢をなすASICは、顧客の注文に応じて製造されます。

ASICはカスタムIC全般のこと

ロジック半導体のうち、半導体メーカーなどの顧客からの注文に応じて製造するICを**カスタムIC**といい、カスタムIC全般を**ASIC**（エーシック）と呼んでいます。

ASICとはApplication Specific Integrated Circuit（アプリケーション スペシフィック インテグレーティド サーキット）の略で、特定用途向けICなどと訳されます。機能や内部構造に由来する名称ではなく、設計・製造方法に着目した名称といえます。

まったくのゼロから設計してつくり込む**フルカスタムIC**と、汎用品や規格品に改良を加えてつくり込む**セミカスタムIC**に分類され、セミカスタムICはさらに**ゲートアレイ**、**セルベース**、**エンベデッドアレイ**に分類されます。そして、それらは電化製品、スマートフォン、さらに民生・産業用ICなどの中枢として使用されています。

時間と費用がかかるのが難点

ASICは特定用途に限定したICを独自設計してつくります。そのため、動作速度を向上させたり、ICの消費電力や実装面積を小さくしたり、大量生産することでコストを抑えたりできるというメリットがあります。

その反面、開発期間が長くなったり、コストが高くなったりするデメリットもあります。設計・製造に時間がかかるのです。設計を変更する場合、フォトマスクをつくり直す時間と費用も加算しなければなりません。ただし、セミカスタムICのタイプによってはデメリットを軽減することができます。

ゲートアレイ（Gate Array）は、基本となる回路をあらかじめ製造しておき、顧客の要求に応じて配線パターンをつくります。短納期で製造可能な反面、チップの利用効率は低下します。

セルベース（Cell Base）は機能ブロックを配置しておき、そのほかの個別回路と配線パターンをつくります。性能や集積度に関してはゲートアレイよりも高くできますが、製造に時間がかかります。

エンベデッドアレイ（Embedded Array）はゲートアレイとセルベースを組み合わせたICです。ゲートアレイの回路の一部に機能ブロックを埋め込んだもので、高機能化と短納期化の両立をはかっています。

ASICはロジックICの一種

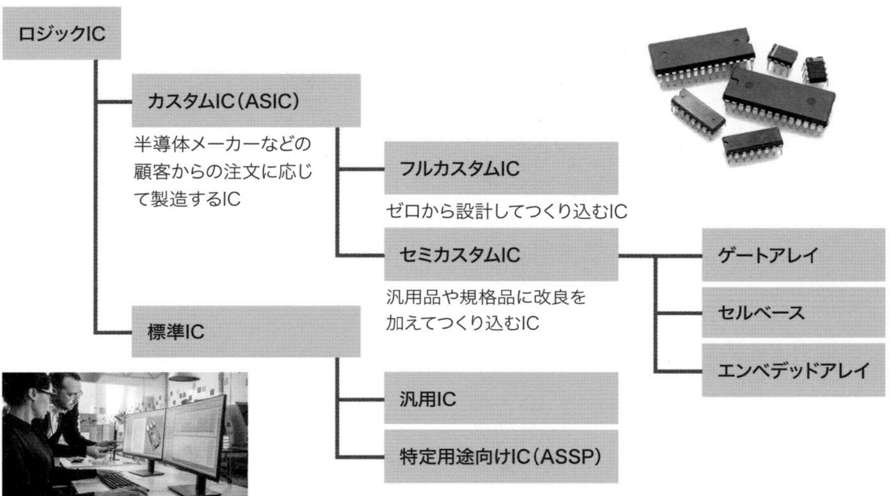

3種類のセミカスタムIC

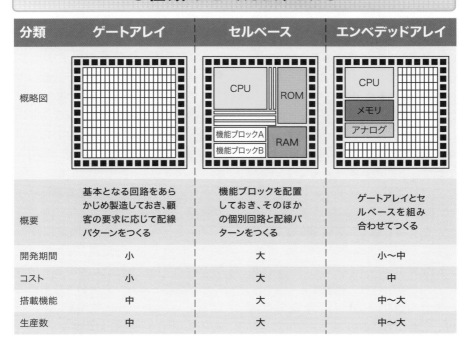

分類	ゲートアレイ	セルベース	エンベデッドアレイ
概略図		CPU / ROM / 機能ブロックA / 機能ブロックB / RAM	CPU / メモリ / アナログ
概要	基本となる回路をあらかじめ製造しておき、顧客の要求に応じて配線パターンをつくる	機能ブロックを配置しておき、そのほかの個別回路と配線パターンをつくる	ゲートアレイとセルベースを組み合わせてつくる
開発期間	小	大	小〜中
コスト	小	大	中
搭載機能	中	大	中〜大
生産数	中	大	中〜大

スイッチ機能
DRAM

計算と並ぶ半導体の重要なはたらきである記憶。半導体はどのように情報を保持しているのでしょうか。

PCやスマホの主記憶装置

半導体のスイッチ機能は、**計算**とともに**記憶**という重要なはたらきを担っています。ここでは、プログラムやデータなどの情報を記憶する**メモリ**の代表格である **DRAM** について解説します。

そもそもメモリは多数のメモリセルからなり、電源を切ると記憶情報が消える揮発性メモリの一種である **RAM**（Random Access Memory）と、電源を切っても記憶情報が消えない不揮発性メモリの一種である **ROM**（Read Only Memory）に大別されます。DRAM は、そのうち RAM に分類されます。

DRAM とは Dynamic Random Access Memory (=Dynamic RAM) の略で、多数のメモリセルにランダムにアクセスできるメモリという意味です。構造がシンプルなことから 1 つのセルを小さくして高集積化することが可能なうえ、コストも安いため、パソコンやスマートフォンなどの主記憶装置として使用されています。

それでは、DRAM はどのように情報を記憶しているのでしょうか。

DRAMの動作原理

先述のとおり、デジタル情報は「0」か「1」で表されます。半導体のメモリもまた、「0」か「1」かを記憶するようにつくられています。

DRAM のメモリセルは 1 個の **MOSFET**（MOS 型トランジスタ）と 1 個の**キャパシタ**（コンデンサ）で構成されています。MOSFET のゲートがワード線、ソースがビット線、ドレインがキャパシタに接続されており、キャパシタへの電荷の出し入れを MOSFET のスイッチ機能が制御しています。そしてキャパシタ内に電荷が蓄えられているかどうかで、「0」か「1」の情報を記憶します。メモリセルのコンデンサに電荷がないときが「0」、あるときが「1」に相当します。

ただし、キャパシタ内の電荷は**リーク電流**（漏れ電流）によって徐々に消えていきます。そのため DRAM では、定期的に再書き込み動作、すなわち電荷の再充電を行う**リフレッシュ**という動作が必要であり、常に動作していることから、Dynamic RAM（動的な RAM）と名づけられたのです。

DRAMのしくみ

メモリセルの回路図

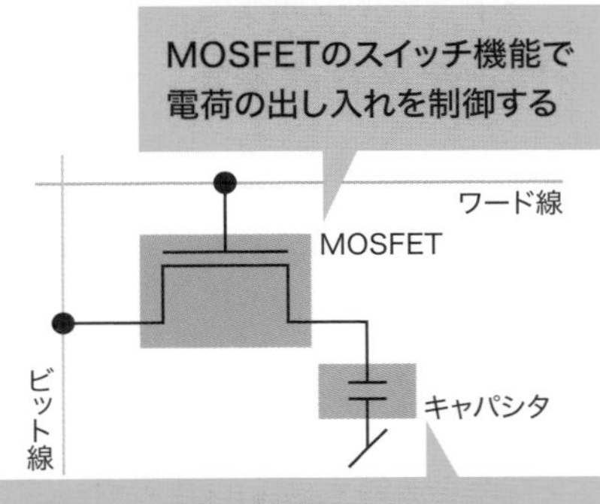

MOSFETのスイッチ機能で
電荷の出し入れを制御する
ワード線
MOSFET
ビット線
キャパシタ

キャパシタ内に電荷が蓄えられている
かどうかで「0」か「1」の情報を記憶する

メモリセルの断面図

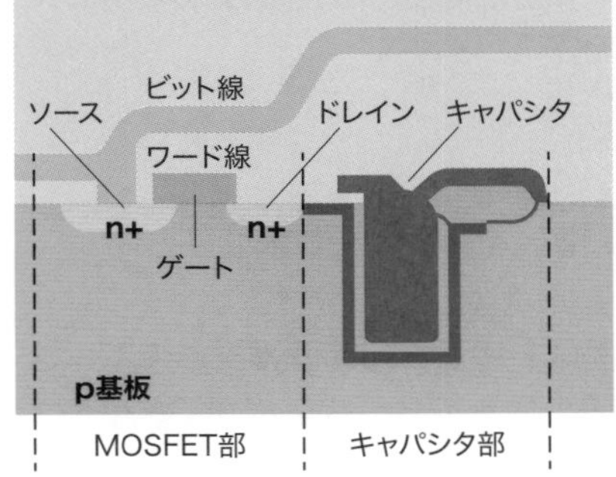

ビット線
ソース
ドレイン
キャパシタ
ワード線
n+
n+
ゲート
p基板
MOSFET部
キャパシタ部

キャパシタ：電荷を蓄えることができる蓄電装置
ワード線：各メモリセルのゲートを接続する線
ビット線：各メモリセルのソースに接続する線

DRAMが記憶する原理

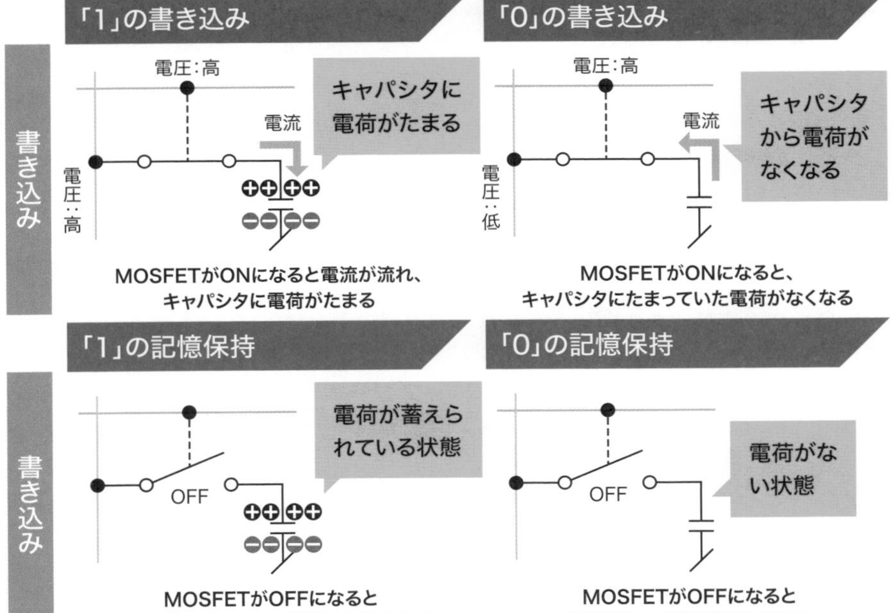

書き込み
「1」の書き込み
電圧：高
電流
キャパシタに
電荷がたまる
電圧：高
MOSFETがONになると電流が流れ、
キャパシタに電荷がたまる
「0」の書き込み
電圧：高
電流
キャパシタ
から電荷が
なくなる
電圧：低
MOSFETがONになると、
キャパシタにたまっていた電荷がなくなる
書き込み
「1」の記憶保持
電荷が蓄えら
れている状態
OFF
MOSFETがOFFになると
電荷が蓄えられている状態が保持される
「0」の記憶保持
電荷がな
い状態
OFF
MOSFETがOFFになると
電荷がない状態が保持される

フラッシュメモリ

USBメモリやメモリーカードでおなじみのフラッシュメモリは、電源を切っても情報を保持できる記憶媒体です。

USBメモリなどでおなじみ

電源を切ると記憶情報が消えてしまう揮発性メモリの代表格がDRAMならば、電源を切っても記憶情報が消えない不揮発性メモリの代表格は**フラッシュメモリ**です。

フラッシュメモリは1980年代半ば、東芝の**舛岡富士雄博士**によって発明されました。電源を切った状態での記憶の保持のほか、その書き換え（書き込み・消去）ができます。

DRAM同様、構造がシンプルで高集積化することができ、データ読み出しの速度の高速化や大容量化、低コスト化が進んだことから用途が拡大。電化製品や腕時計などにはじまり、USBメモリ、デジタルカメラのメモリーカードやスマートフォン内にデータ保存するストレージ、最近ではパソコンの記憶装置であるSSD（Solid State Drive）などにも使用されています。

ちなみにSSDは、これまでのHDD（Hard Disk Drive）よりも振動に強く、軽量、低消費電力、高速データ転送可能といった強みをもつデータの記憶媒体です。

フラッシュメモリの動作原理

フラッシュメモリの基本的な構造は、**MOSFET**に似ています。DRAMのキャパシタに相当するのが**フローティングゲート**で、ここに電荷を蓄えることにより「0」か「1」の情報を記憶します。フローティングゲートへの電荷の出し入れを制御するのが、その上の**コントロールゲート**です。

DRAMとは異なり、フローティングゲートが絶縁膜に囲まれているため、蓄積された電荷はどこにも逃げることができません。そのため、電源を切っても情報が消えないのです。

それでは、電子はどうやってゲート内に出入りしているのでしょうか。その謎を解くカギは**トンネル酸化膜**にあります。

トンネル酸化膜とは、フローティングゲートの下に位置する厚さ数nmの絶縁膜。非常に薄いため、コントロールゲートに電圧をかけると、ゲート内の電子はトンネル酸化膜を突き抜けて移動することができます。この**トンネル効果**により、電子がゲート内にたまったり、なくなったりするのです。

フラッシュメモリセルの断面図

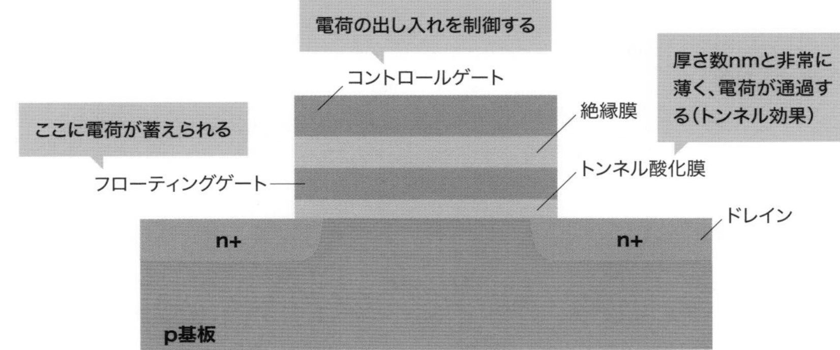

フラッシュメモリの動作原理

「0」として書き込む場合

「1」として書き込む場合

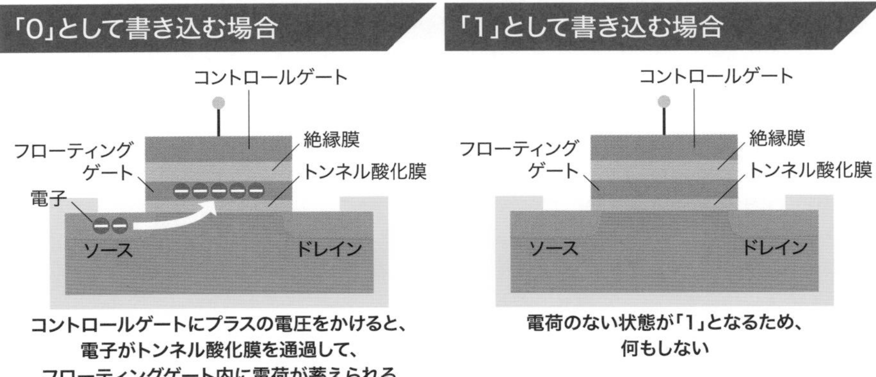

コントロールゲートにプラスの電圧をかけると、電子がトンネル酸化膜を通過して、フローティングゲート内に電荷が蓄えられる

電荷のない状態が「1」となるため、何もしない

記録を消去する場合

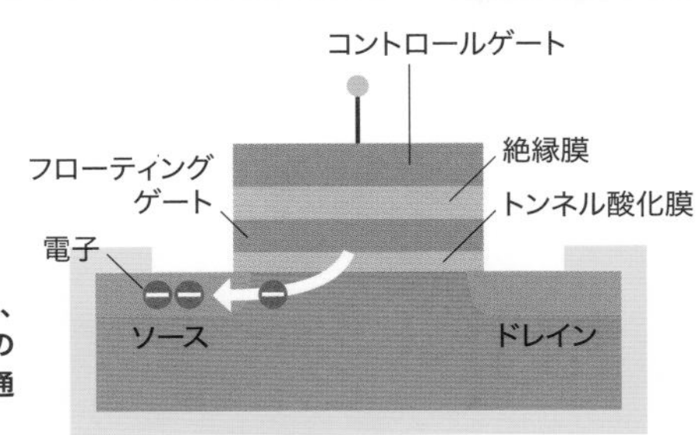

マイナスの電圧をかけると、フローティングゲート内の電子がトンネル酸化膜を通過して流れていく

変換機能
変換とは何か？

光や力を電気に変える半導体の変換機能は、日常生活を便利で豊かなものにしています。

光↔電気の変換を担う

増幅、スイッチ、変換という半導体の３つの機能のうち、ここからは**変換機能**について解説していきます。

変換とは読んで字のごとく、「変えること」「入れ換えること」を意味します。半導体は何を何に変換するのかというと、光や力を電気に変えたり、電気を光に変えたりします。

そして、そうした機能を利用したさまざまな半導体デバイスが開発され、発光ダイオード（LED:Light Emitting Diode）、レーザ（LD：Laser Diode）、太陽電池などとして活用されているのです。

光を扱う半導体

電気を光に、あるいは光を電気に変換するデバイスを**光半導体**といいます。

その光半導体のうち、電気を光に変

主な光半導体

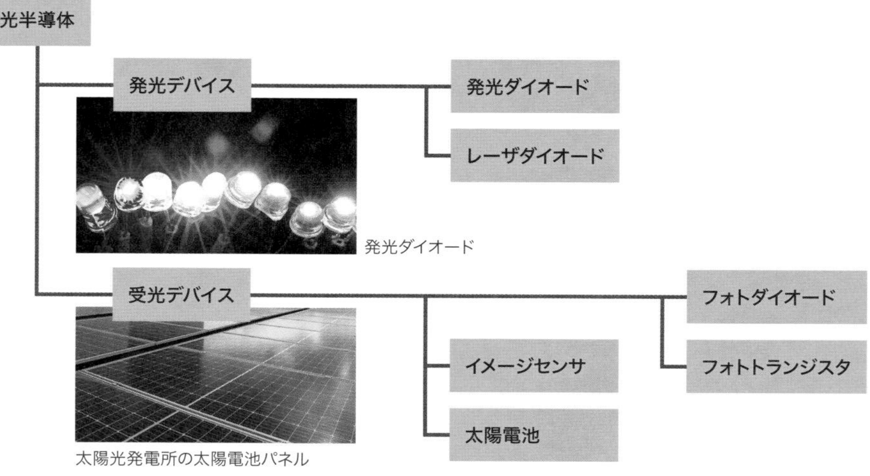

発光ダイオード

太陽光発電所の太陽電池パネル

換するデバイスが**発光デバイス**です。発光デバイスは複数あり、照明や信号灯、ディスプレイなどに利用されている**発光ダイオード**（P78〜）と、光通信や3Dセンシングなどに利用されている**レーザダイオード（半導体レーザ）**（P80〜）に分けられます。

一方、光を電気に変換するデバイスは**受光デバイス**です。受光デバイスの代表格はスマートフォンのカメラなどに使用されている**イメージセンサ**（P84〜）。イメージセンサは光を電気信号として取り出します。太陽光発電に不可欠な**太陽電池**（P82〜）は光を電力として取り出します。光通信の受光部や光センサなどに利用される**フォトダイオード**や**フォトトランジスタ**もまた、光を電気に変換します。

量や変化を扱う半導体

半導体センサというデバイスは光だけでなく、物理的、あるいは化学的な量や変化を電気信号に変換できます。

センサで検知できるものはさまざまです。身近なところでは自動車、スマホ、ウェアラブル端末など、幅広い分野で利用されています。具体的には**圧力センサ**（P86〜）をはじめ、**加速度センサ**（P88〜）、**磁気センサ**、**電流センサ**、**温度センサ**、**湿度センサ**、**ガスセンサ**、**イオンセンサ**などが挙げられます。

もうひとつ、電気の交流・直流を変換する**パワー半導体**というデバイスもあります。それについては5章で取り上げています。

主な半導体センサ

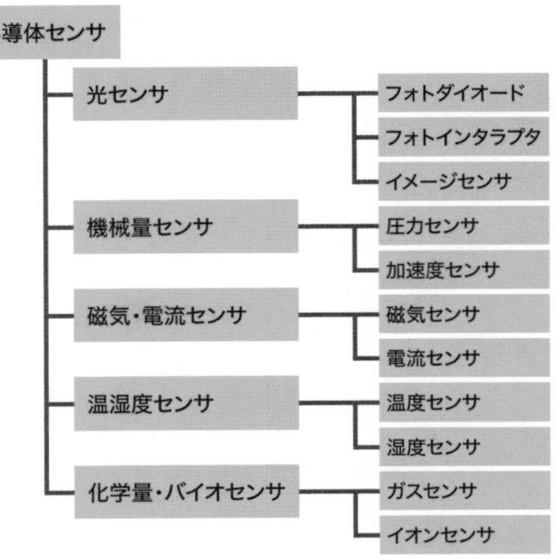

デジタルカメラのイメージセンサ

ガスセンサ

変換機能
発光ダイオード

発光ダイオードは寿命が長く、低消費電力の優れもの。青色発光ダイオードはノーベル賞を受賞した発明です。

日常生活に不可欠な存在

光半導体の一種である**発光デバイス**。その代表格が**発光ダイオード（LED）**です。電気信号を光に変換するダイオードで、照明、ディスプレイ、リモコン、カラーコピー機、スキャナ、計器類、光通信用光源、各種センサなどに幅広く使われています。

その構造は極めてシンプルです。エポキシ樹脂のケース内にLEDのチップが置かれ、リードフレームが２本出ているだけです。そのため、大量に生産してコストを抑えることができます。加えて白熱電球より発熱が少ない、寿命が長い、消費電力が小さいといった長所もあることから、日常生活のさまざまな場面で利用されています。

シンプルな発光のしくみ

構造同様、発光のしくみもシンプル

発光ダイオード（砲弾型）の構造

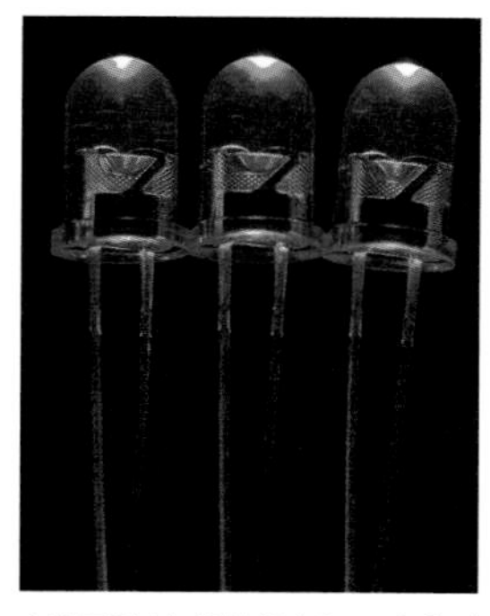

白熱電球より発熱が少ない、寿命が長い、消費電力が小さいといった長所をもつ発光ダイオード

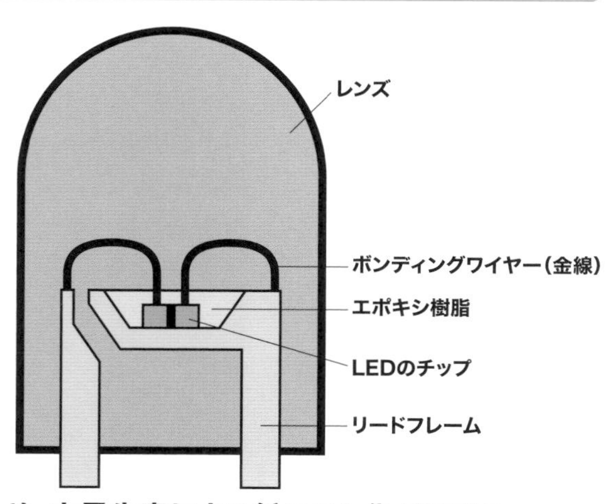

単純な構造であるため、大量生産による低コスト化ができる

です。実際には発光効率の向上のためにさまざまな工夫が施されているのですが、基本的には**pn 接合**（P40～）そのものです。

pn 接合に順方向の電圧を加えると、p 型半導体側からは正孔が、n 型半導体側からは電子が移動し、pn 接合部付近で正孔と電子が結合して消滅します。これを**再結合**といい、このときにエネルギーが熱と光に変換されます。

シリコンのように 1 つの元素を材料とする半導体は、ほとんどが熱になってしまい、わずかしか発光しません。一方、2 種類以上の元素からなる化合物半導体は、その材料の物性、すなわち**エネルギーバンドギャップ**という材料固有の物性値に相当する波長の光に応じた発光をします。

青色発光ダイオードの発明

発光ダイオードは、1960 年代には赤色や黄緑色が開発されていました。しかし、青色に関してはなかなか実用化できず、「20 世紀中の実現は不可能」とさえいわれていました。**窒化ガリウム（GaN）**を使えば実現できるとわかっていたのですが、きれいな結晶をつくるのが困難だったのです。

そうしたなか、名古屋大学の**赤崎勇氏**と**天野浩氏**のグループが高品質単結晶化を成功させると、1993 年に日亜化学工業の**中村修二氏**が**高輝度青色発光ダイオード**を発明し、量産化も進みました。そして 2014 年、3 氏はノーベル物理学賞を受賞することになったのです。

発光ダイオードが発光するしくみ

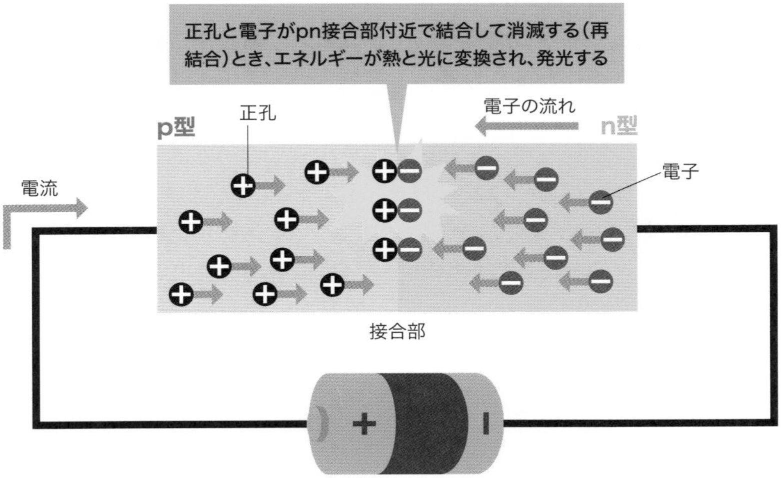

変換機能
レーザダイオード

単一の波長で指向性に優れたレーザ。レーザダイオードは電気信号をレーザ光に変換するデバイスです。

単一波長と指向性の高さが特徴

発光ダイオードと同じく、電気信号を光に変換する半導体デバイスとして、**レーザダイオード（半導体レーザ）**を挙げることができます。

レーザとは Light（ライト） Amplification（アンプリフィケーション） by（バイ） Stimulated（スティミュレイテッド） Emission（エミッション） of（オブ） Radiation（ラディエーション）（誘導放出による光増幅放射）の頭文字をつなげた言葉で、大きく2つの特徴があります。ひとつは単一の波長である点。太陽光や蛍光灯などの光は複数の色が混じり合ったものであるのに対し、レーザはひとつの色でできています。もうひとつは指向性に優れている点。レーザから発せられた光はほとんど広がることなく、まっすぐ進みます。

レーザー光にはヘリウムガスなどを利用した**ガスレーザ**、ルビーなどを利用した**固体レーザ**などが存在します。そのうち、半導体を使ったものがレーザダイオードです。

発光ダイオードに似たしくみ

レーザダイオードは原理や構造も発光ダイオードと似ていて、**ガリウムヒ素（GaAs）**などの**化合物半導体**を材料として使います。

構造は**pn接合**のp層とn層の間（クラッド層）に**活性層**と呼ばれる層を挟み込んだ形になっています。このサンドイッチ構造は**ダブルヘテロ構造**とも呼ばれます（ヘテロは「異種の」という意味）。活性層で電子と正孔が**再結合**して光を放出すると、その光は活性層の鏡面加工された側面で反射を繰り返して発振状態となります。そして、外部へ放出された一部の光がレーザー光となるのです。

レーザダイオードには小型、低電圧、低電流、高変換効率といった特徴があります。さらに材料を変えることによって、さまざまな波長のレーザを作成することができます。そうした特徴を活かし、光通信、DVDやBDなどの光ディスク、距離の測定、物体検知などに利用されています。

なお、ロシアの**J・アルフョーロフ氏**らは2000年に「高速エレクトロニクスおよび光エレクトロニクスに利用される半導体ヘテロ構造の開発」でノーベル物理学賞を受賞しました。

レーザダイオードのしくみ

電流

ダブルへテロ構造

p層

活性層

n層

電源

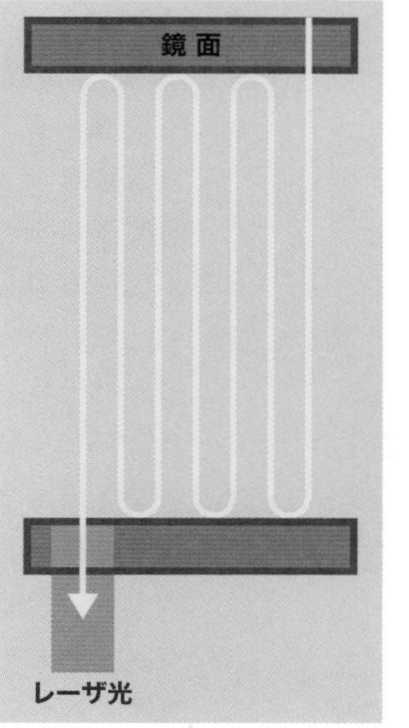

レーザ光

pn接合のp層とn層の間に活性層が挟み込まれた構造になっており、活性層で電子と正孔が再結合すると、光が放出される。

この光はひとつの色でできており、また指向性が高い（光の向きや大きさがそろっている）ため、まっすぐ遠くまで届く

再結合によって放出された光は、鏡面加工された側面で反射を繰り返す。そのうち発振状態となって光が増幅し、外部へ放出された一部の光がレーザー光となる

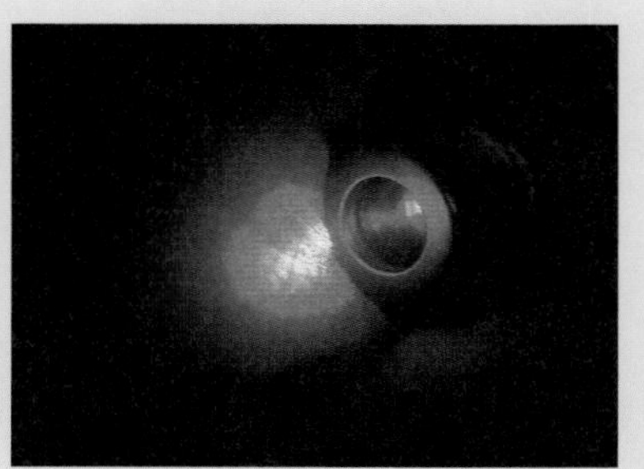

赤色レーザダイオードが発振状態になっている様子

変換機能
太陽電池

太陽光を電気エネルギーに変換する太陽電池は、来たる脱炭素化社会で不可欠な存在になるでしょう。

光によって起電力が生じる

発光ダイオードと逆に光を電気信号に変換する**受光ダイオード**のひとつに、**太陽電池**があります。

太陽電池は太陽光を電気エネルギーに変換する半導体デバイスで、発光ダイオード同様、**pn 接合**の構造になっています。

p 型半導体と n 型半導体を接合すると、接合部付近で正孔が n 型側に、電子が p 型側に拡散します。拡散した正孔と電子は再結合し、キャリアが消滅した**空乏層**という領域が形成されます。その空乏層に光が当たると、光によって新たに正孔と電子が生成され、正孔は p 型側に、電子は n 型側に移動します。その結果、電流を流し続けようとする**起電力**が生じ、電流を流すことができるのです。

このように光によって起電力が生じる現象を**光起電力効果**といいます。半導体がもつ性質のひとつです。

太陽電池は多種多様

太陽電池にはさまざまな種類があり、使用する材料によって**シリコン系**、**化合物系**、**有機系**の 3 つに分類されます。

シリコン系の**単結晶シリコン太陽電池**は古くからある太陽電池で高性能、高変換効率。**多結晶シリコン太陽電池**は現在、最も普及しており、単結晶シリコン太陽電池より安価に製造できます。**薄膜シリコン太陽電池**は 1um 以下の薄膜を実現している太陽電池。変換効率は下がりますが、軽量でフレキシブルという特徴をもっています。

化合物系の **III-V 族多接合型太陽電池**は変換効率が非常に高いぶん、コストも非常に高く、特殊用途にのみ使われています。**CIGS 太陽電池**は銅、インジウム、ガリウム、セレンを材料とし、製造工程が容易という強みがあります。カドミウムとテルルを材料とする**CdTe太陽電池**は廉価性が強みです。

有機系の太陽電池は、有機物を含んだ固体の半導体薄膜を使い、常温で塗布するだけで製造できます。たとえば**ペロブスカイト型太陽電池**は、ペロブスカイトという結晶構造をもつ材料を利用した日本発の次世代太陽電池で、近年、実用化に向けた研究開発が進んでいます。

太陽電池のしくみ

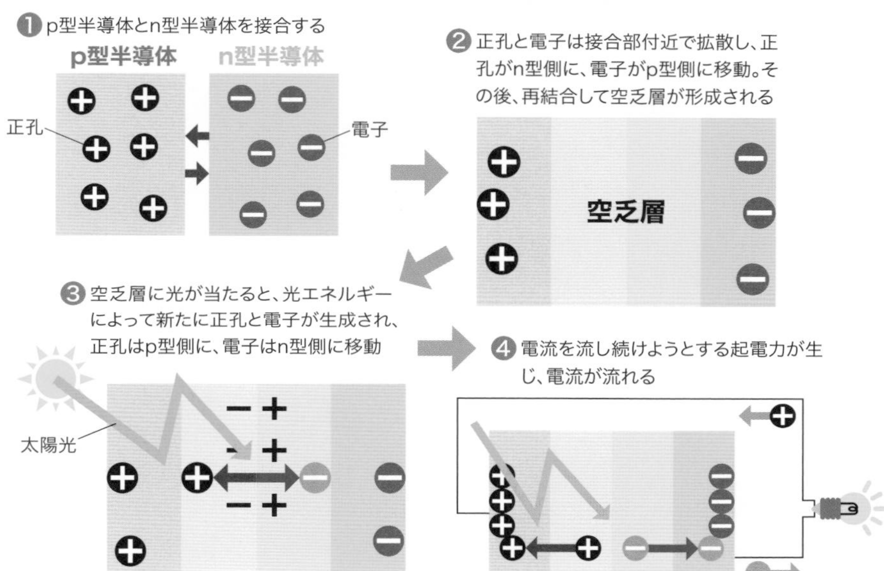

❶p型半導体とn型半導体を接合する
p型半導体
n型半導体
正孔
電子
❷正孔と電子は接合部付近で拡散し、正孔がn型側に、電子がp型側に移動。その後、再結合して空乏層が形成される
空乏層
❸空乏層に光が当たると、光エネルギーによって新たに正孔と電子が生成され、正孔はp型側に、電子はn型側に移動
太陽光
❹電流を流し続けようとする起電力が生じ、電流が流れる

太陽電池の分類

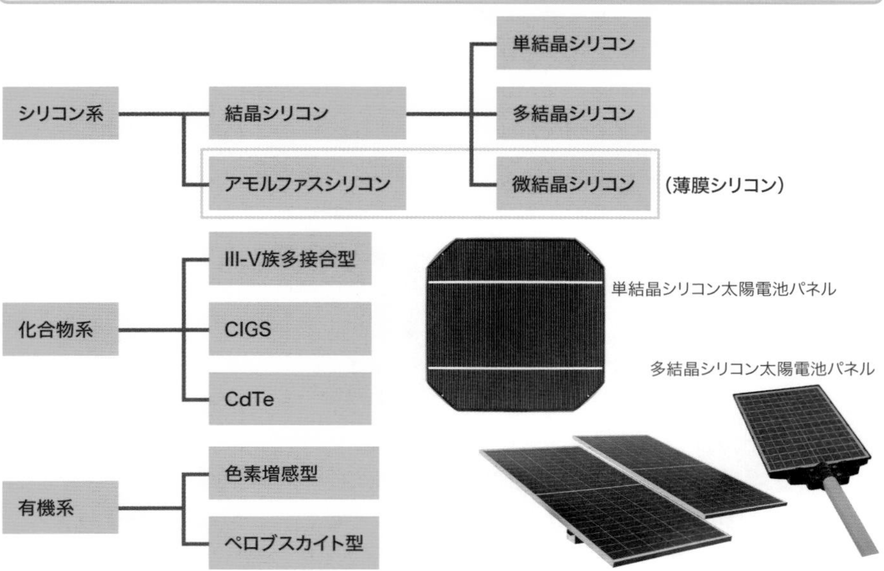

変換機能
イメージセンサ

スマートフォンやデジタルカメラに不可欠なイメージセンサは、人間の目の網膜と似ています。

レンズで光を捉え、電気信号に

スマートフォンやデジタルカメラにはレンズがついています。そのレンズに使われている半導体が**イメージセンサ**です。イメージセンサはレンズから入った光を電気信号に変換し、データ転送を行う役割を担っています。

その基本構造は人間の目の網膜と似ています。網膜には光の三原色である赤（R)、緑（G)、青（B）の光の波の長さを感じる3種類の細胞があり、3つの色の組み合わせによって、この世に存在するほとんどすべての色をつくることができます。これと同じように、イメージセンサは**マイクロレンズ**で集めた光を**カラーフィルタ**で色ごとに分離して、**受光デバイス**である**フォトダイオード**で電荷を生成することにより、光を電気信号に変換するのです。

2つのイメージセンサ

イメージセンサは回路構造の違いから、**CCDイメージセンサ**と**CMOSイメージセンサ**に分けられます。

CCDイメージセンサのCCDとはCharge-Coupled Device（チャージ カップルド デバイス）の略称で、日本語では「電荷結合素子」と呼ばれます。このタイプではフォトダイオードで生成された電荷を画素間で転送し、1つの**増幅器**に送ります。バケツリレーをイメージするとわかりやすいでしょう。1つの増幅器を使用するため、ばらつきがなく、一般に画質がよくなります。ただし、電荷転送に高電圧を必要とするので消費電力が高まります。

一方、CMOSイメージセンサは文字どおりCMOSを使ったイメージセンサです。各画素が増幅器をもち、スイッチのオン・オフで任意の画素に絞ってデータを取り出すことができます。不要な画素のデータを読み出さないので、消費電力を抑えることができます。増幅器のばらつきのせいで画質が落ちますが、近年はCCDイメージセンサに負けないほど画質が向上しています。

CCDイメージセンサをつくる場合、特殊なプロセスが必要で、製造コストは高くなります。それに対し、CMOSイメージセンサは一般的なLSIと類似の工程で高集積化できるため、コストの低減が可能です。

イメージセンサの基本原理

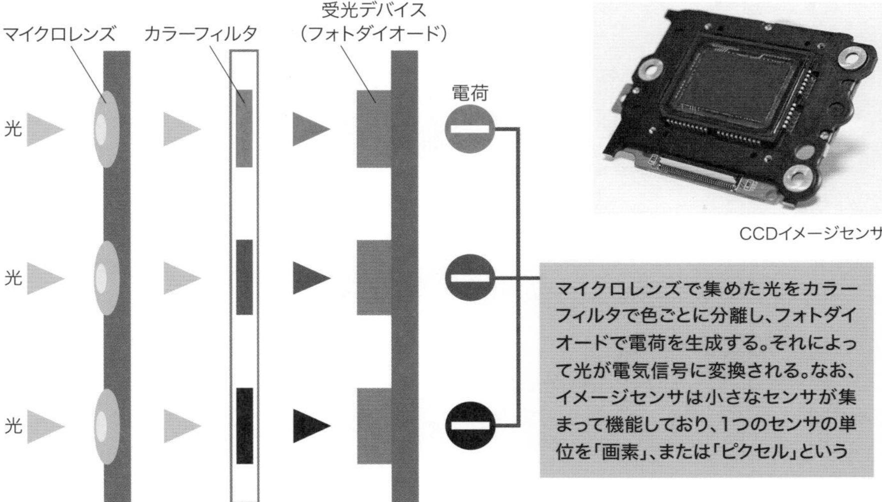

マイクロレンズ
カラーフィルタ
受光デバイス
（フォトダイオード）
電荷
光
光
光
マイクロレンズで集めた光をカラーフィルタで色ごとに分離し、フォトダイオードで電荷を生成する。それによって光が電気信号に変換される。なお、イメージセンサは小さなセンサが集まって機能しており、1つのセンサの単位を「画素」、または「ピクセル」という

CCDイメージセンサ

2つのイメージセンサ

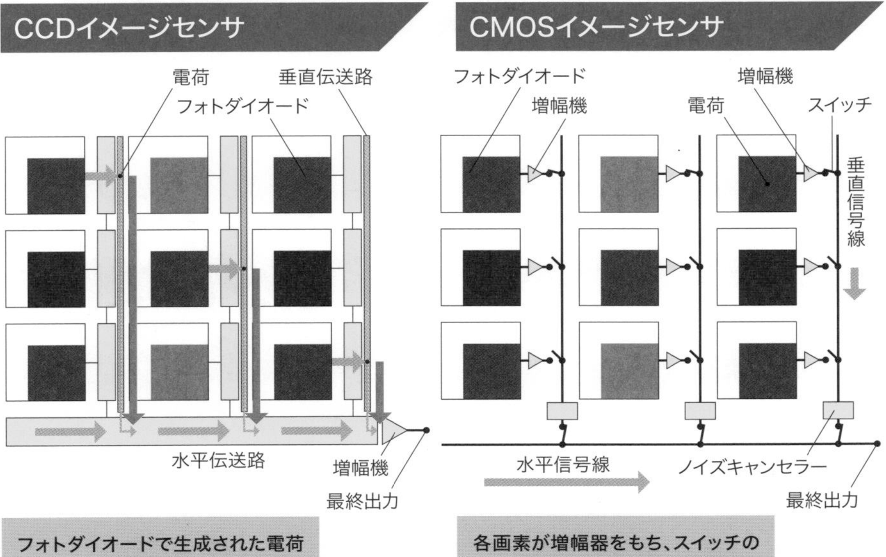

フォトダイオードで生成された電荷をバケツリレーのように画素間で転送し、1つの増幅器に送り届ける

各画素が増幅器をもち、スイッチのオン・オフで電荷を転送。任意の画素に絞ってデータを取り出せる。

変換機能
圧力センサ

ゲージの伸び縮みによる抵抗の変化を利用して圧力を測定するセンサです。

圧力を電気信号に変換する

半導体の性質を利用すると、気体や液体などの圧力を電気信号に変換することもできます。その変換器を**圧力センサ**といい、自動車、建設、化学、医療など、さまざまな業界で幅広く使用されています。

圧力センサには静電容量式、圧電素子式、光学式といった種類があります。そのなかで、最も一般的に利用されているのは**ピエゾ抵抗式**です。ここではピエゾ抵抗式を例にして、圧力センサの原理をみていきましょう。

「歪(ひず)み」がカギになる

ピエゾ抵抗式の圧力センサは、**ダイアフラム**という薄い膜の受圧部と、ダイアフラム上に形成された**ゲージ抵抗（ピエゾ抵抗）**からなります。

ダイアフラムに圧力がかかると歪みが生じ、その歪み具合に応じた応力が各ゲージ抵抗に発生します。ゲージ抵抗の抵抗値は応力の大きさに比例して変化します。この現象を**ピエゾ抵抗効果**といいます。

ピエゾ抵抗効果とは、半導体や金属の結晶に力を加えたときに電気抵抗が変化する現象のこと。半導体は金属よりも電気抵抗の変化率が高いため、微小な力を検出できます。その効果における抵抗値の変化の大きさを読みとることによって圧力を検出するのが、圧力センサの基本原理です。

ただし、ゲージ抵抗の抵抗値の変化量はごくごく微小でしかありません。そこで４つの抵抗を四角形に配置した**ホイートストンブリッジ**という回路を利用し、高感度化をはかっています。

そんなピエゾ抵抗式の圧力センサの長所としては、構造がシンプルで小型化できることが挙げられます。また、シリコンウエハ上に圧力センサを形成できるため、ダイアフラム部以外の場所に増幅回路や制御回路などの機能を集積することも可能です。さらに検出できる圧力は、低圧から超高圧まで広範囲にわたります。

こうした強みを活かし、ピエゾ抵抗式の圧力センサは血圧計、エアコン、掃除機の風圧、自動車のエンジン周囲の吸気圧、排気圧や燃量タンク内圧の測定などに利用されています。

圧力センサの基本構造

ダイアフラムに圧力がかかると垂直方向に歪み、ゲージ抵抗に応力が発生。その抵抗値の変化の大きさを読みとることで圧力を検出する

4つの抵抗を四角形に配置した回路。これによって高感度化がなされる

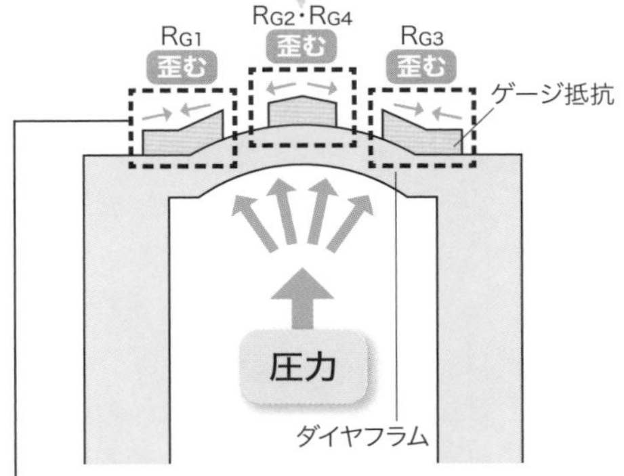

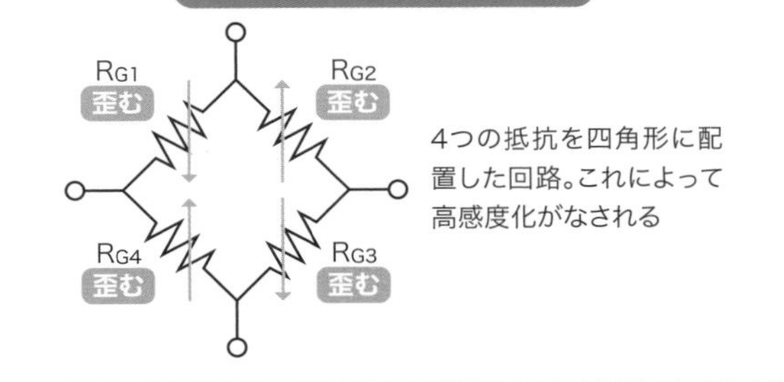

豆知識

立体的半導体システム「MEMS」

MEMS(メムス)とはMicro(マイクロ) Electro(エレクトロ) Mechanical(メカニカル) Systems(システムズ)の略称で、日本語では「微小な電気機械システム」の意味です。

微細加工技術を利用し、回路やセンサ、アクチュエータを集積化したもので、小型化、集積化、低コスト化、さらに立体的な可動部を作成することも可能です。

その特徴を活かし、圧力センサをはじめ、マイクロフォンやプリンタ、ハードディスクのヘッダなど、さまざまなデバイスに応用されています。

変換機能

加速度センサ

傾き、縦横、振動、衝撃など、さまざまな動き情報を検知する加速度センサは、スマホやデジカメに搭載されています。

物体の傾きや縦横を検知する

自動車や電車などの乗り物に乗っていると、スピードが上がったときには体が後方に押しつけられるように感じる一方、スピードが落ちたときには前方に乗り出すように感じるでしょう。そうした感覚は**加速**によるもので、ある物体の速度が単位時間あたりどれくらい変化しているかを表す数値のことを**加速度**といいます。

その加速度を、半導体を利用して検出するのが**加速度センサ**です。加速度センサでとらえた電気信号を処理することによって、物体の傾きや縦横などの情報を得ることができます。

さらに、加速度センサは衝撃や振動も検出できるので、自動車のエアバックの衝撃検知に使われたり、工場の機械や設備の振動を検知して故障の兆候把握に使われたりもしています。

加速度センサで加速度を検出する方

加速度センサとジャイロセンサ

加速度センサ

ある物体の速度が単位時間あたりどれくらい変化しているか(＝速度の変化量)を測定する

ジャイロセンサ

ある物体の角度が単位時間あたりどれくらい変化しているか(＝物体が回転する速度)を測定する

法は、圧力センサと同じく、**ピエゾ抵抗式**や**静電容量式**などがありますが、ここでは静電容量式を紹介します。

静電容量式の加速度センサは、シリコンでつくられた**固定電極**と**可能電極**などで構成されており、2つの電極の移動距離を静電容量の変化として検出します。加速度がない状態では、固定電極と可動電極間の距離は変わりません。しかし、加速度が加わると可動電極が移動し、固定電極間の距離が変化します。このとき電極間の静電容量も変化するため、その変化量を検出すれば加速度の大きさがわかるのです。

加速度センサと似たセンサ

加速度センサに似たセンサに、**ジャイロセンサ(角加速度センサ)**があります。ある物体の角度が単位時間あたりどれくらい変化しているか、すなわち物体が回転する速度(=角加速度を検出するセンサです。

ジャイロセンサもまた、ピエゾ抵抗式や静電容量式によって角加速度を検出します。

このジャイロセンサの身近な用途としては、スマートフォンやゲーム機が挙げられます。スマホに搭載されたジャイロセンサは、傾きを検知して画面を横長に変更します。ゲーム機のコントローラに搭載されたジャイロセンサは、動きを検知してゲーム操作を行います。さらにカメラに搭載され、手ぶれを補正しているのもジャイロセンサです。

加速度センサの動作原理

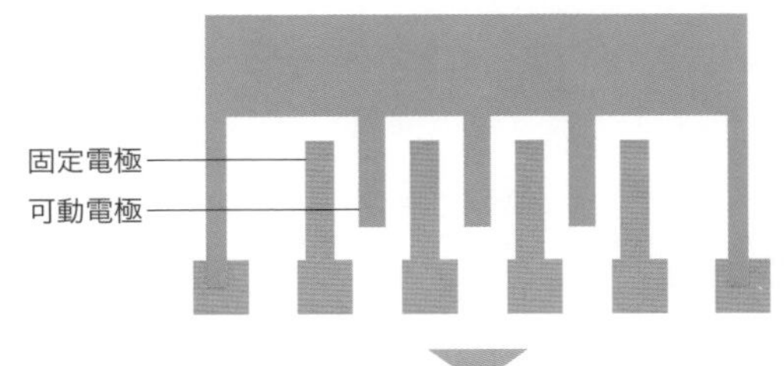

加速度が加わると……

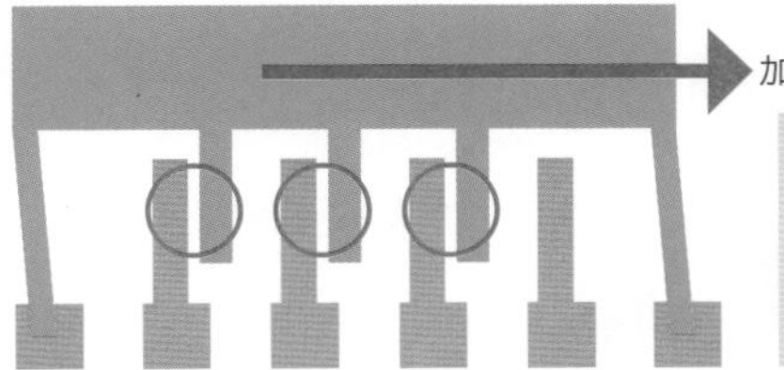

加速度
加速度によって可動電極が移動し、固定電極との距離が変化。この変化量により加速度の大きさがわかる

Chapter

3

半導体のつくり方

半導体は長く、複雑な工程を経て製造されます。
設計をして、ウエハをつくって、薄膜を形成して、
凹凸を除去して、配線を施して、検査をして……。
半導体製造の一連の流れを見ていきましょう。

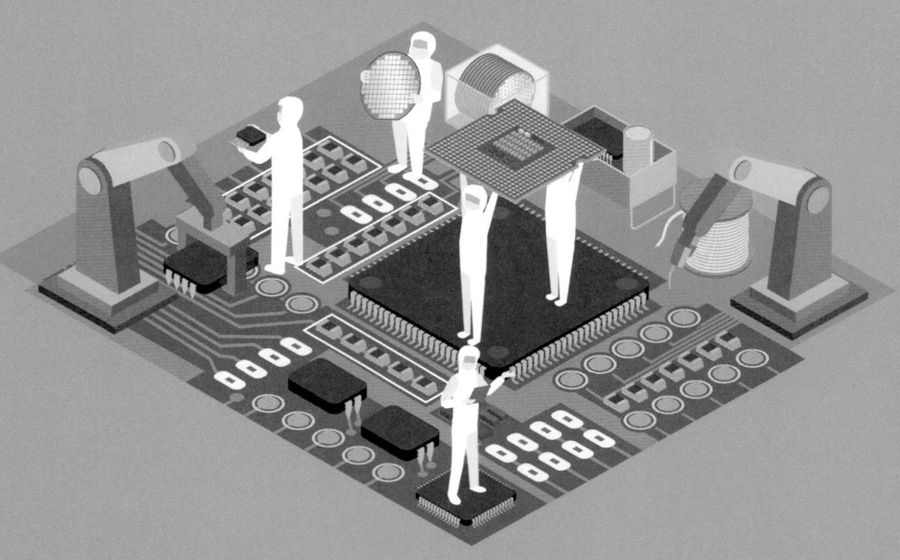

本章のメニュー

設計工程

半導体をつくるためには設計図が必要です。最初に全体の見取り図をつくってから製造工程に進みます。

最初に設計図をつくる

モノをつくる際には、最初に設計図を描きます。それは半導体も同じで、製造する半導体を具体的に設計しなければ先に進むことはできません。

設計を担当するのは**設計エンジニア**。半導体の製品規模によっては、発注元や他のエンジニアなどと連携し、プロジェクト単位でチームを組んで業務を進めていくこともあります。

まず、どのような性能をもつ半導体をつくるかを決めます（**仕様設計**、あるいは**システム設計**）。その半導体を搭載する製品がどの程度の処理スピードを必要とするのか、消費可能な電力はどれくらいか、サイズや価格をどうするかといった詳細な内容をここで決めておきます。

仕様が決まったら、それを実現するために必要な機能を示すブロック図をつくり（**機能設計**）、各機能ブロックを論理回路に変換します（**論理設計**）。さらに、その論理回路をトランジスタレベルの回路ブロックに変換します（**回路設計**）。

最後にトランジスタ回路ブロックを配置したり、配線を施したりします（**レイアウト設計**）。ここでは回路をいかに効率よく配置して、半導体チップを小さくするかがポイントになります。

そして、レイアウトをもとに**フォトマスク**を作成します。このフォトマスクがいわゆる設計図で、次の製造工程では、フォトマスクをもとに半導体チップをつくっていきます。

EDAは設計に不可欠

現代の半導体設計で必須となるのが**EDA**というツールです。EDAとはElectronic（エレクトロニック） Design（デザイン） Automation（オートメーション）の略で、設計作業の自動化を支援・補助するためのソフトウェアです。半導体は高機能化、多機能化、さらに複雑化が年々進んでいるため、設計工程にEDAは欠かせません。

各設計工程では、その都度シミュレーション用ツールを使って回路やシステムが想定どおりに動くかどうかを検証し、不備があれば修正します。レイアウトの自動化、設計、ルール通りに配置されているかの確認も、EDAを使って行われます。

設計工程の流れ

仕様設計（システム設計）
完成品を搭載する製品が必要とする処理スピード、消費可能な電力、サイズや価格などの仕様を決める

機能設計
仕様を実現するために必要な機能を示すブロック図をつくる

論理設計
各機能ブロックを論理回路に変換した図をつくる

回路設計
論理回路をトランジスタレベルの回路ブロックに変換する

❺
レイアウト設計
トランジスタ回路ブロックを配置したり、配線を施したりする

フォトマスク作成
レイアウトをもとにしてフォトマスクをつくる

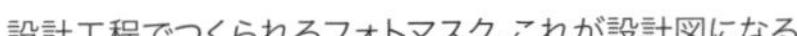
設計工程でつくられるフォトマスク。これが設計図になる

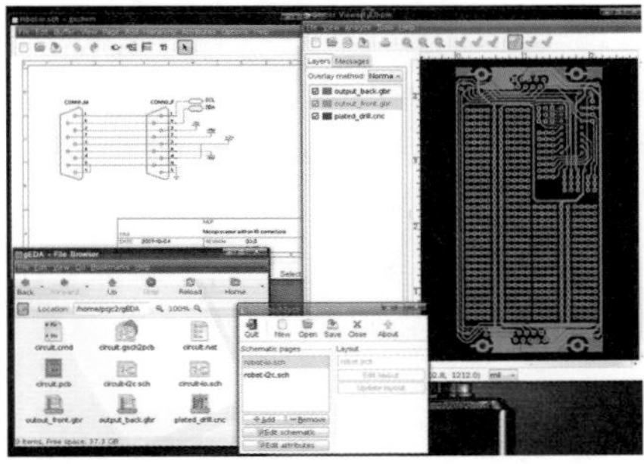

半導体設計は、一般的にはEDAを使って行われる

豆知識　半導体設計に欠かせないIPとは？

近年では半導体の回路規模が拡大し、すべての回路をゼロから設計することは不可能になっています。そこで利用されているのがIP（Intellectual Property）です。

本来、IPとは特許などの知的財産権のことですが、半導体の世界では既存の設計資産、具体的には設計に必要な機能ブロックを指します。これを有効活用すれば、高機能な半導体を短期間で設計できるのです。IPは自社製だけでなく、IP開発を専業とするIPベンダーから購入することもあります。ソフトバンクが買収したARMなどが有名なIPベンダーです。

半導体工場の全貌

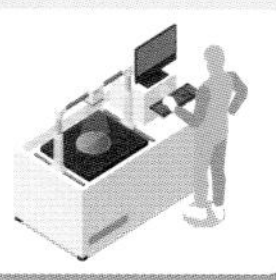

半導体製造が行われる工場にはどんな建物が立っていて、どんな役割を担っているのでしょうか。

半導体工場の建物群

半導体の設計工程は一般的なオフィスで行われることが多いのですが、製造工程は半導体メーカーやファウンドリの工場で行われます。

半導体工場の敷地内にはさまざまな建物がありますが、大きく３つに分類することができます。

ひとつ目は**Fab（ファブ）棟**。半導体工場の中心となる建物です。Fab 棟の内部には後述するクリーンルームが設けられており、そこで半導体の製造が行われています。

２つ目は**Fab 棟の付帯施設**です。たとえば、工場の動力として欠かせない電力や水などを制御・管理する施設が挙げられます。半導体工場では生産設備や環境を維持するのに多くの電力を消費するため、電力会社からの高圧配電を降圧する変電設備などが備えられています。また、製造過程で使用す

半導体工場の見取り図（例）

半導体製造には広い敷地と大量の水が必要なため、都市部から離れた郊外に建設されることが多い

通称「外回り」。電力や水などを制御・管理する施設、薬液やガスを工場に供給する施設、廃液を貯蔵するタンク、超純水を製造したり排水処理するシステムなど、Fab棟の付帯施設

る薬液やガスを工場に供給する施設、廃液を貯蔵するタンク、超純水を製造したり排水処理するシステムも設けられてています。これらの施設は「外回り」とも呼ばれています。

３つ目は**事務棟**です。ここには工場に勤務するエンジニアのオフィスや会議室、食堂などが入っています。

クリーンルームで汚染対策

半導体工場で注目したいのはFab棟内の**クリーンルーム**です。

半導体の製造工程は極めてミクロな世界で行われ、人間の目には見えないレベルの汚染が大問題になります。その汚染とは空気中に浮遊している**パーティクル（微小粒子）**や**浮遊微生物**などです。そこで半導体工場では、空気清浄度が非常に高いクリーンルームを設け、特別な環境をつくることで対策しているのです。

具体的には、HEPA(High Efficiency Particulate Air）と呼ばれる専用のフィルタでパーティクルを除去します。また半導体工場では、高性能な逆浸透膜やイオン交換樹脂を用いて不純物を極限まで取り除いた超純水を使っています。

さらにクリーンルーム内で最大の汚染となる人間（スタッフ）に対しては、室内に入る前に**クリーンスーツ**（無塵衣）を着用させ、清浄な空気を吹きつけて塵埃を除去する**エアシャワー**を浴びさせるなどの措置をとり、厳重に汚染対策をしています。

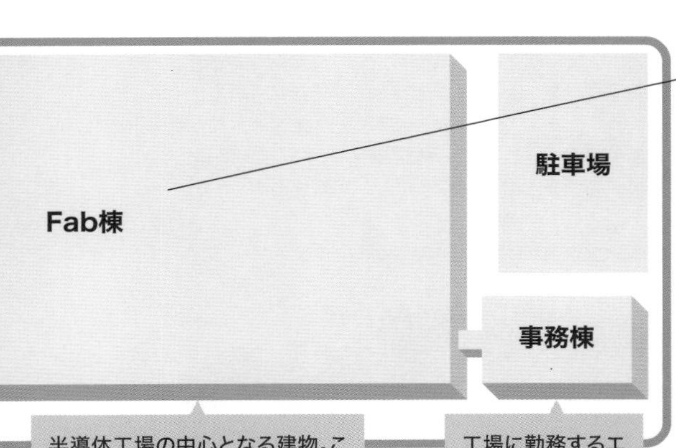

Fab棟
駐車場
事務棟
半導体工場の中心となる建物。ここで半導体の製造が行われている。ちなみに、Fabとは「製造」を意味する「Fabrication」の略語
工場に勤務するエンジニアのオフィスや会議室、食堂などが入っている

Fab棟の内部

空気清浄度が高いクリーンルームを設け、半導体を汚染から守っている

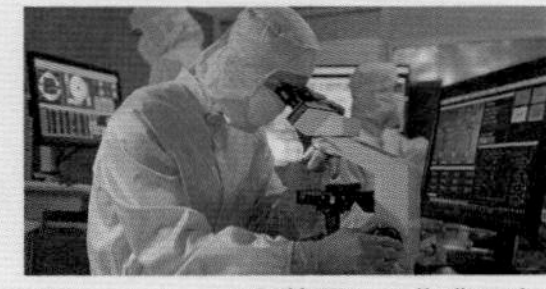

クリーンスーツを着用して作業にあたるエンジニア

シリコンウエハ製造①

半導体製造の第一歩はシリコンウエハをつくること。ケイ石を分解して、高純度のシリコンを抽出します。

ケイ石が原材料になる

半導体をつくる際、はじめの一歩となるのが**シリコンウエハ**の製造です。ウエハをつくり、その表面にトランジスタやダイオードなどのデバイスを形成していきます。

シリコンウエハ製造の一般的な工程は、次のような流れになります。

❶ケイ石の採取
❷金属シリコンの製造
❸多結晶シリコンの製造
❹単結晶シリコンインゴットの製造
❺単結晶シリコンインゴットの加工

ここではまず、原材料となるケイ石を採取し（❶）、金属シリコンを製造する（❷）までを説明します。

そもそも**ケイ石**とは、地球上で酸素の次に多い元素である**シリコン（ケイ素）**と**酸素**で構成される**二酸化ケイ素**

シリコンウエハ製造の流れ

❶
ケイ石の採取
ケイ石を手に入れる

❷
金属シリコンの製造
還元反応でケイ石を分解し、高純度の金属シリコンにする

❸
多結晶シリコンの製造
シーメンス法で金属シリコンを高純度化し、多結晶シリコンをつくる（P96～97）

❹
単結晶シリコンインゴットの製造
CZ法で多結晶シリコンを溶かし、単結晶シリコンの棒状の塊をつくる（P96～97）

❺
単結晶シリコンインゴットの加工
単結晶シリコンインゴットをスライスし、研削・研磨する（P98～99）

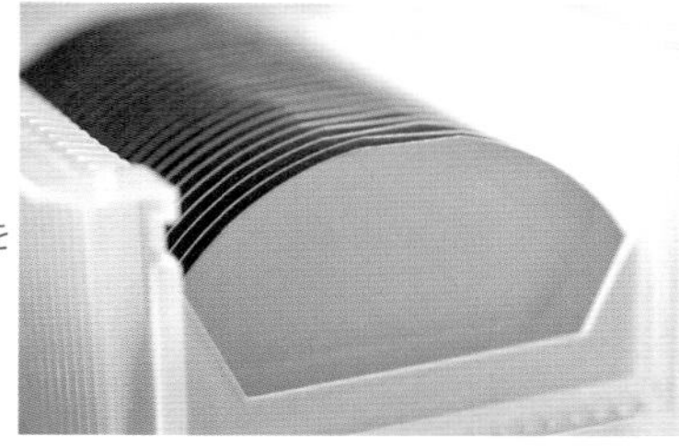

(SiO_2) を主成分とする岩石の総称です。河原に転がっている白っぽい石がそうであるように、自然界にさまざまな形で存在します。

そのケイ石に含まれているシリコンを、シリコンウエハ製造に用います。日本産のケイ石は、含まれているシリコンの純度が低いため、通常は海外で産出する高純度のものが使われます。

金属シリコンをつくる

ケイ石を採取したら、**還元反応**という方法によってシリコンと炭酸ガスに分解します。具体的にはケイ石と一緒に石炭、コークスなどの炭素を電気炉に入れ、大電流を流して溶融させます。

還元されたシリコンは、非常に純度の高い状態になっています。その純度は、なんと98～99％程度。これを**金属シリコン**といいます。

ただし SiO_2 は極めて安定した物質であるため、電気炉で分解するには多大なエネルギーを必要とします。それだけのエネルギーを得るには、大量の電力を発生させなければならず、電気料金が高額になります。

日本の産業用電気料金は、1kWhあたり17～18円と高額です。そこで現在では、この工程を日本国内で行わず、日本よりも電気料金の比較的安い国、たとえば中国、ブラジル、南アフリカ、ノルウェー、アメリカなどで生産されたものを輸入するのが一般的です。日本の多くメーカーが、海外から金属シリコンを輸入しています。

金属シリコンのつくり方

ケイ石と一緒に石炭、コークスなどの炭素を電気炉に入れ、大電流を流す

還元反応によってケイ石から酸素が分離し、金属シリコンができる

ケイ石

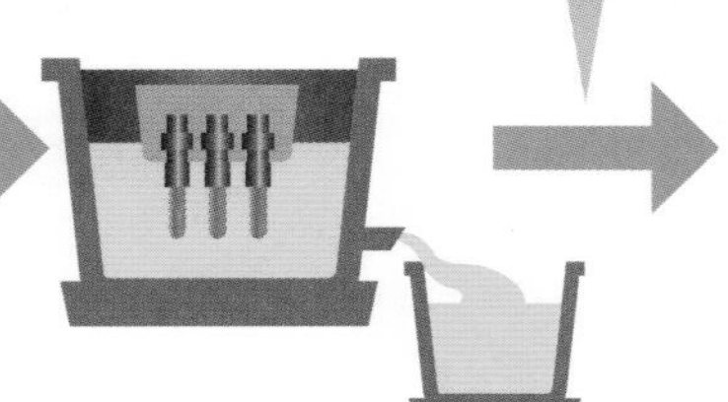

電気炉

金属シリコン

電気炉内で1500～2000℃で加熱すると、ケイ石が溶融する

$$SiO_2 + 2C \rightarrow Si + 2CO$$

ケイ石　石炭　シリコン　炭素ガス

シリコンウエハ製造②

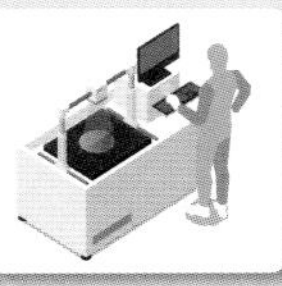

金属シリコンからつくった多結晶シリコンを、電子が動きやすい単結晶シリコンにつくり替えます。

多結晶シリコンをつくる

シリコンウエハ製造の次のステップは、**金属シリコン**を材料にして**多結晶シリコン**をつくることです。多結晶とは、原子の配列が部分的にしか規則正しく並んでいない結晶です。

多結晶シリコンの製造法としては、ドイツのシーメンス社が開発した**シーメンス法**があります。

シーメンス法では、純度の高い金属シリコンに水素と四塩化ケイ素を反応させたトリクロロシランを蒸留精製し、純度を極限まで高めます。その後、反応炉で水素と反応させ、シリコンを析出します。もう少しかみ砕いて説明すると、金属シリコンをガス化して沸点の異なる成分を分離し、不純物を取り除いて高純度化した後、もとのシリコンに戻します。

こうして半導体グレードといわれる99.999999999%（イレブンナイン）の高純度多結晶シリコンができたら、それをもとにして**単結晶シリコン**をつくります。

多結晶シリコンのままでは、電子の動きやすさを示す指標である移動度が小さくなってしまいます。そこで規則正しい原子配列の単結晶シリコンをつくることにより、移動度の大きい高性能な半導体デバイスを製造できるようにするのです。

単結晶シリコンの塊をつくる

単結晶シリコンをつくる際には、**CZ 法（チョクラルスキー法）**を用います。これは金属の結晶化について研究していたポーランドの化学者チョクラルスキー（Czochralski）が発明した手法で、彼の頭文字をとって CZ 法と呼んでいます。

CZ 法では多結晶シリコンを砕いてるつぼに入れ、高周波加熱でシリコンを溶かします。シリコンの融点はおよそ 1400℃なので、それ以上の温度に高めなければいけません。その後、種結晶といわれる単結晶のもとをシリコン融液に浸し、ゆっくり回転させつつ引き上げます。これで単結晶シリコンの**インゴット**（棒状の塊）の完成です。

この単結晶シリコンインゴットの製造工程では、シリコンを溶融させる温度、種結晶の回転の速さ、引き上げ速度などが重要になります。

多結晶と単結晶の違い

多結晶シリコン

シリコンの結晶が部分的にしか規則正しく並んでいないため、電子が動きにくい(電子移動度が小さい)

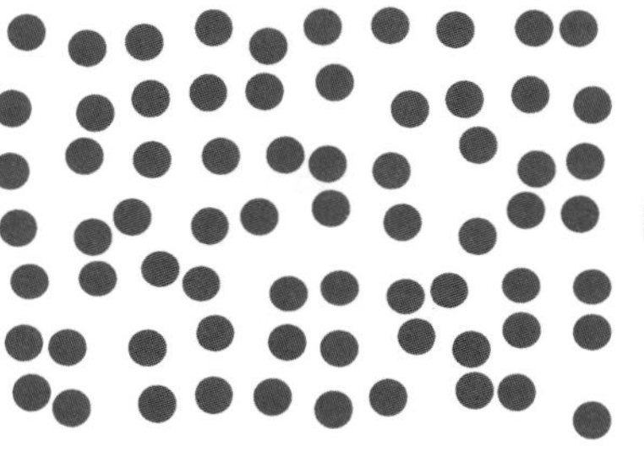

単結晶シリコン

シリコンの結晶が規則正しく並んでおり、電子が動きやすい(電子移動度が大きい)

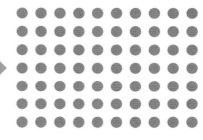

ウエハをつくるには、多結晶を単結晶化し、電子移動度を大きくする必要がある

CZ法による単結晶シリコンのつくり方

❶
多結晶シリコンを砕いてるつぼに入れ、高周波加熱で溶かす

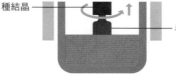

❷
種結晶を回転させながら下げ、シリコン融液に浸す

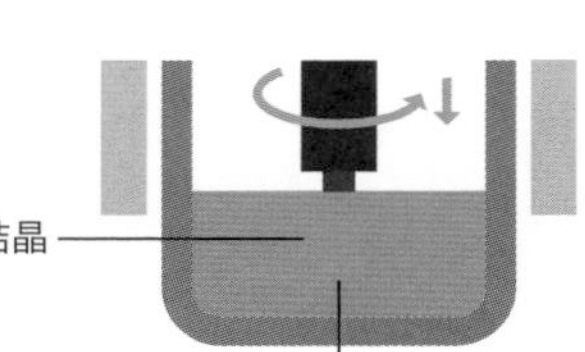

❸
種結晶をゆっくり回転させながら引き上げる

種結晶
単結晶シリコン

❹
単結晶シリコンのインゴット(棒状の塊)ができ上がる

シリコンウエハ製造③

インゴットをスライスして、外周や表裏面をきれいに磨き上げ、検査に合格すれば完成です。

切断して研磨する

シリコンウエハ製造における最終ステップは、**単結晶シリコン**の**インゴット**から**シリコンウエハ**への加工です。多結晶シリコンからつくった単結晶シリコンインゴットをスライスした後、**研削**や**研磨**を行います。それでは、その工程を順番にみていきましょう。

まず、単結晶シリコンインゴットを規定の長さに切断し、外周を研削します。ウエハの向きがわからなくならないよう、結晶方位を示す**ノッチ**や**オリフラ**（オリエンテーションフラットの略称）を外周の一部に入れておきます。

次は**スライス加工**。ピアノ線と切削砥粒を使った**ワイヤーソー**などでインゴットを１㎜程度の厚さに切断し、ウエハを１枚１枚の状態にします。そして**ダイヤモンド砥石**を使い、ウエハの外周を研削・研磨します。これにより、ウエハをハンドリングする際の機

ウエハ製造の仕上げ

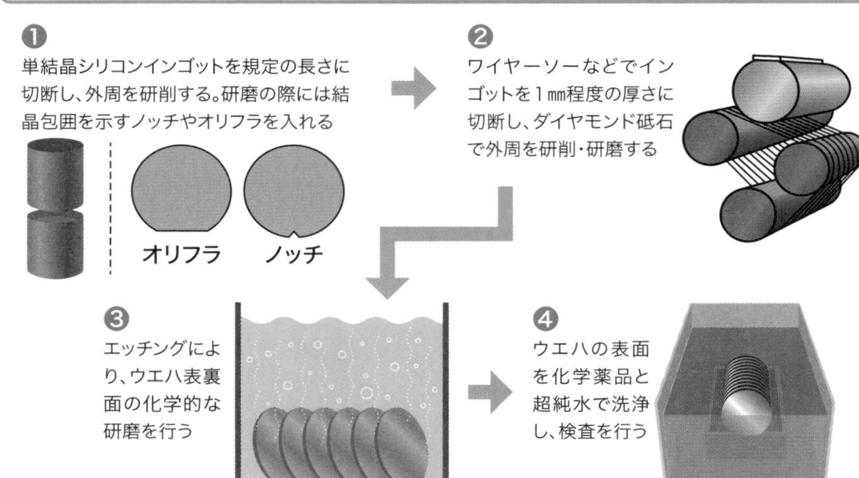

❶
単結晶シリコンインゴットを規定の長さに切断し、外周を研削する。研磨の際には結晶包囲を示すノッチやオリフラを入れる
オリフラ
ノッチ
❷
ワイヤーソーなどでインゴットを1㎜程度の厚さに切断し、ダイヤモンド砥石で外周を研削・研磨する
❸
エッチングにより、ウエハ表裏面の化学的な研磨を行う
❹
ウエハの表面を化学薬品と超純水で洗浄し、検査を行う

械的強度を向上させるのです。

次はウエハ表裏面の機械的な研磨を行います。それによって最表面に破砕層ができるので、**エッチング**という手法で化学的に削ります。さらに表面を鏡面研磨すると、ウエハは鏡のようにピカピカになります。

最後に、ウエハの表面を**化学薬品**と**超純水**で**洗浄**します。そして表面の異物や平坦度などについて検査を行い、合格すれば完成です。

シリコンウエハの大きさの変遷

シリコンウエハの**口径**の大きさはインチ（1インチ＝2.54㎝）、または㎜の単位で表されます。現在、世界の主流となっているのは12インチ（300㎜）のウエハですが、用途によっては8インチ（200㎜）や6インチ（150㎜）も使われています。

ウエハ口径は、技術の進展とともに大きくなってきました。

1970年代から80年代に4インチ、5インチ、6インチと変化し、1991年には8インチになります。そして2001年以降、12インチが量産されて使用されています。

ウエハ口径を大きくすることにより、ウエハ1枚あたりのチップ取れ数が増えるため、コストを下げることができます。しかしながら、それに製造装置などすべてを対応させる必要があることから、半導体工場を建設する際の初期投資が拡大するというデメリットがついてきます。

シリコンウエハ口径のサイズの変遷

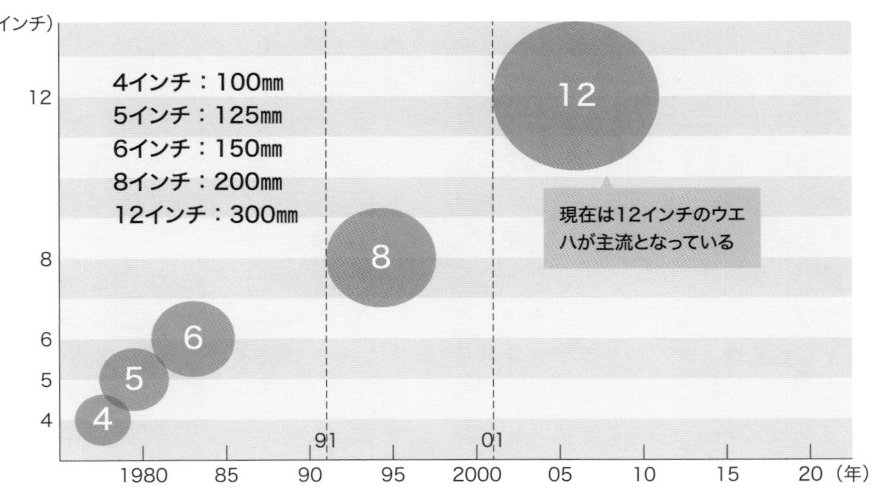

前工程（デバイス形成）～洗浄

**シリコンウエハを清浄に保つため、
薬液を使って洗い、表面をきれいにしなければなりません。**

前工程の流れ

半導体製造の次のステップは、シリコンウエハ上に半導体チップをつくり込む**前工程**（まえこうてい）です。前工程は製品にもよりますが、細かく分けると数百工程にもなり、ウエハを投入してから完成までに２～３ヵ月、長いものでは半年近くかかります。

前工程を大きく分類すると、①**デバイス形成**、②**配線形成**、③**ウエハ特性検査**の３つの工程からなります。①と②のなかにもいくつかの工程があり、それを何度も繰り返して、半導体チップをつくり上げていきます。

まずはウエハをきれいに洗う

前工程の最初のデバイス形成工程は、**洗浄**からスタートします。ウエハをきれいに洗い、細かい汚れや不純物を取り除く作業です。

洗浄の方法は薬液や超純水を用いる**ウェット洗浄**、オゾンやプラズマなどを用いる**ドライ洗浄**がありますが、ウェット洗浄が一般的です。

ウェット洗浄はアメリカのRCA社が1970年代に開発した**RCA洗浄**が基本プロセスとなっており、薬液は微小な粒子や有機物を除去するための**APM**（水酸化アンモニウムと過酸化水素水の混合液）、金属物や自然酸化膜を除去するための**FPM**（フッ酸と過酸化水素水の混合液）、金属物を除去するための**HPM**（塩酸と過酸化水素水の混合液）、金属物や有機物を除去するための**SPM**（硫酸と過酸化水素水の混合液）などを用います。

また、**ウエット洗浄装置**は**バッチ式**と**枚葉式**（まいようしき）の２種類に分けられます。バッチ式は複数枚のウエハを同時に洗浄する際に使い、枚葉式は１枚ずつ洗浄する際に使います。バッチ式は複数枚をまとめて処理することでコストパフォーマンスを高めることができますが、１枚ずつでないと最適な処理が難しいケースもあるため、枚葉式と使い分けます。

なお洗浄を行うのは、ここだけではありません。どんなに清浄を保とうとしても、微粒子状の異物や汚染を完全に除去することは困難です。そのため、半導体工場では各工程の前後に必ず洗浄するようにしています。

洗浄の種類と流れ

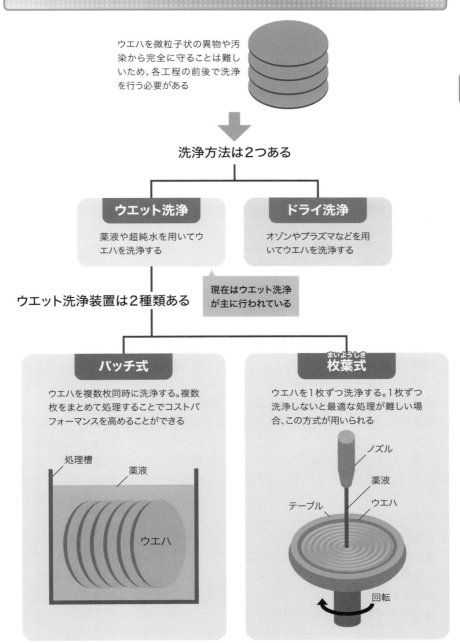

ウエハを微粒子状の異物や汚染から完全に守ることは難しいため、各工程の前後で洗浄を行う必要がある

洗浄方法は2つある

ウエット洗浄

薬液や超純水を用いてウエハを洗浄する

ドライ洗浄

オゾンやプラズマなどを用いてウエハを洗浄する

現在はウエット洗浄が主に行われている

ウエット洗浄装置は2種類ある

バッチ式

ウエハを複数枚同時に洗浄する。複数枚をまとめて処理することでコストパフォーマンスを高めることができる

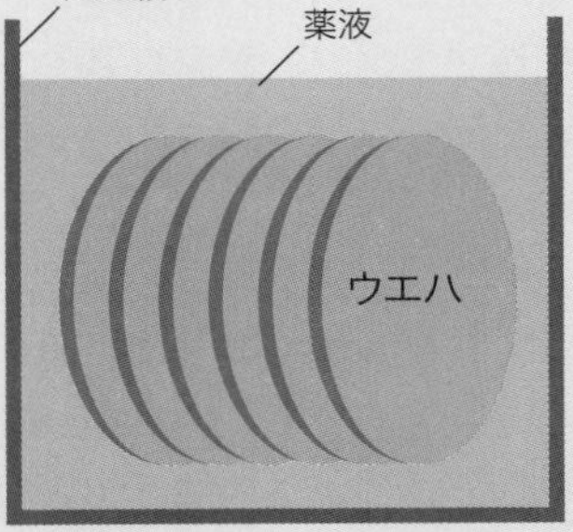

処理槽
薬液
ウエハ

枚葉式（まいようしき）

ウエハを1枚ずつ洗浄する。1枚ずつ洗浄しないと最適な処理が難しい場合、この方式が用いられる

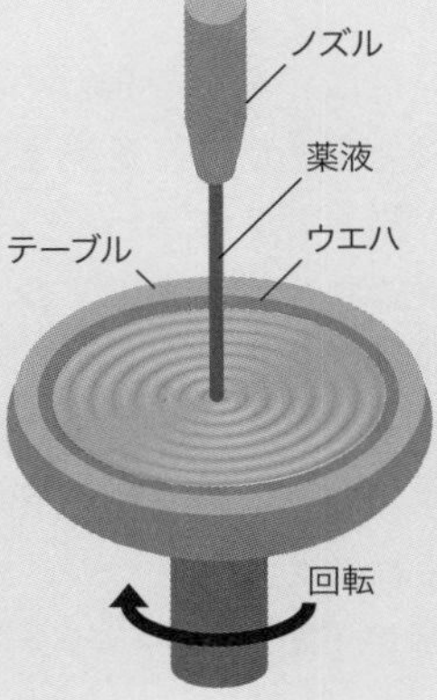

ノズル
薬液
テーブル
ウエハ
回転

前工程（デバイス形成）～成膜

半導体を製造するには、多様な種類の薄い膜が必要です。その膜をこの工程でつくります。

半導体製造には「膜」が不可欠

シリコンウエハ上に半導体チップをつくり込むためには、ウエハの表面にさまざまな種類・組成の薄い膜をつくらなければなりません。デバイス間や配線間を分離する**絶縁膜**、配線の際に使用する**導体膜**などが、薄膜の例として挙げられます。

そうした膜をつくる工程を**成膜**といいます。

3種類の成膜方法

成膜はどんな膜をつくるかで方法が異なりますが、主に３つプロセスがあります。

ひとつ目は、古くから行われてきた**熱酸化法**です。ウエハを高温の酸化炉に入れ、酸素ガスによってシリコンと酸素を反応させることで、**シリコン酸化膜**を成長させます。

薄く均一に成長したシリコン酸化膜は絶縁性に優れ、絶縁領域をつくる際に用いられます。

２つ目は**CVD 法**です。CVD とは Chemical（ケミカル） Vapor（バーパー） Deposition（デポジション） の略。日本語では化学気相成長法といい、膜の材料となる原料ガスをチャンバという反応炉内に入れ、化学触媒反応を利用して成膜します。

この方法の特徴としては、**酸化膜**や**窒化膜**、**多結晶シリコン膜**など、形成できる膜の種類が多いことが挙げられます。

なお、CVD 法は触媒反応に必要なエネルギーの与え方によって**熱 CVD 法**と**プラズマ CVD 法**に分かれます。さらに熱 CVD 法は、大気圧下で実施する**常圧 CVD 法**と大気圧よりも低い減圧状態で実施する**減圧 CVD 法**に分かれます。

３つ目の方法は、**スパッタ法**です。PVD(Physical（フィジカル） Vapor（バーパー） Deposition（デポジション）=物理蒸着法）ともいわれます。アルミニウムやチタン、タングステンなどの金属配線の成膜の際に用いられる方法です。

この方法では超高真空をつくり、**ターゲット**（堆積させたい膜の素）にアルゴン原子を高エネルギーでぶつけます。それによって弾き出されたターゲット構成原子をウエハ上に付着させることで成膜します。

3種類の成膜方法

熱酸化法

酸化炉を加熱し、酸素ガスによってシリコンと酸素を反応させると、シリコン酸化膜の層ができ、内部へ向かって成長していく

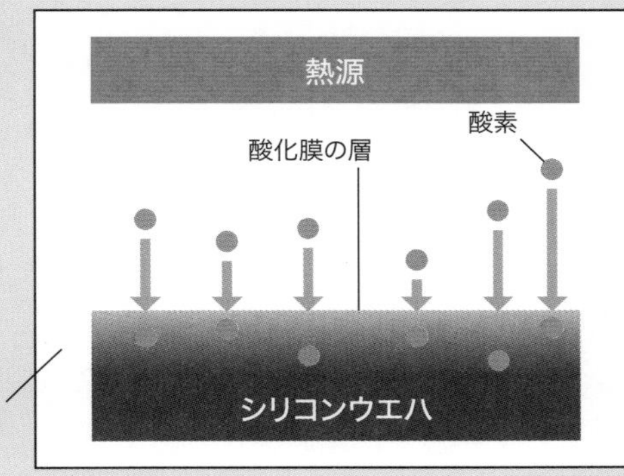

CVD法

原料ガスをチャンバ内に入れ、熱やプラズマのエネルギーで化学反応を促進すると、ウエハ上に二酸化シリコン分子などが積もって膜ができる

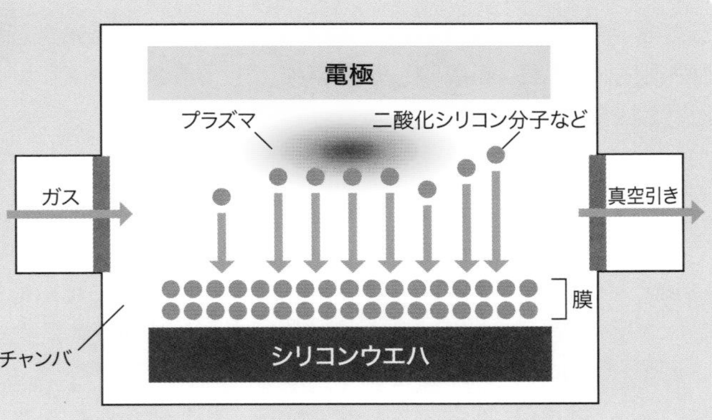

スパッタ法

アルミニウムなどの塊にアルゴン原子を高エネルギーでぶつけると、弾き出されたアルミニウム原子などのターゲット構成原子がウエハ上に積もって膜ができる

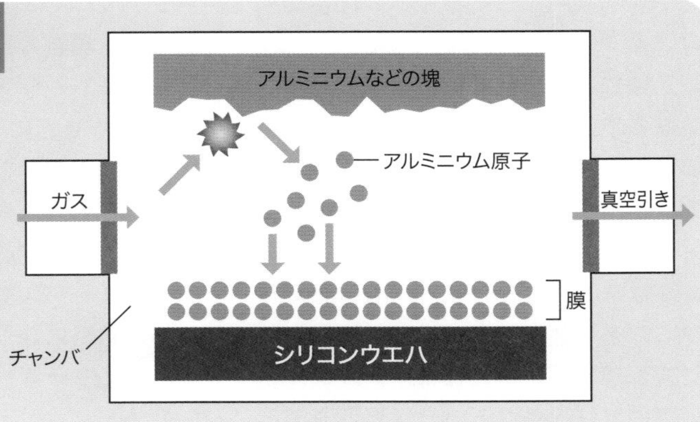

前工程(デバイス形成)〜フォトリソグラフィ

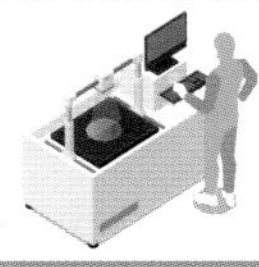

写真の現像のしくみを応用した技術で、シリコンウエハ上に回路パターンを描きます。

化学薬剤を塗って熱処理

半導体製造の前工程において、メイン工程といえるほど重要なのが**フォトリソグラフィ**です。

具体的には、**フォトマスク**と呼ばれる転写用原版に描かれている回路パターンを、ウエハや成膜した薄膜の上に照射、露光して転写します。デジタルカメラ以前に使われていた銀塩カメラの原理と同じやり方といえばわかりやすいでしょうか。

フォトリソグラフィは、次のような流れで進んでいきます。

まず、**フォトレジスト**をウエハに塗布します。フォトレジストとは、感光剤や有機溶剤からなる液状の化学薬剤のことで、光に反応して変化します。露光時に光が当たった部分が現像液に溶ける**ポジ型**と、光が当たっていない部分が溶ける**ネガ型**があり、現在ではポジ型が主流となっています。

そのフォトレジストをスピンコータと呼ばれる装置でウエハの上に滴下し、ウエハを高速回転させると、均一な**レジスト薄膜**が形成されます。

次に**プリベーク**という熱処理を施します。ウエハを80℃くらいに加熱し、フォトレジスト内に残存する有機溶剤を揮発させ、除去します。

露光を行い、現像へ

次に**露光**を行います。**ステッパ**という装置を使い、光に照射することによって、フォトマスク上の回路パターンをフォトレジストに転写します。

ちなみに、世界のステッパ市場はオランダの**ASML**の独壇場となっています。とくに最先端プロセスで使用される**EUV露光機**に関しては、同社以外に製造できるメーカーがありません。1台あたり数百億円にものぼり、市場シェアの100%を握られています。

最後に、**現像**の作業を行います。ポジ型のフォトレジストを使用している場合、露光で光に当たってウエハ上に残っている部分を現像液で溶かします。ネガ型の場合、光に当たっていない部分を溶かします。そして、溶けずに残ったレジストマスクの部分の下の層が最終的に回路になります。

これでフォトリソグラフィは終了となります。

フォトリソグラフィの流れ

ポジ型

露光時に光が当たった部分が現像液に溶ける

酸化膜

シリコンウエハ

フォトレジスト（レジスト薄膜）

光

フォトマスク

ネガ型

露光時に光が当たっていない部分が現像液に溶ける

酸化膜

シリコンウエハ

フォトレジスト（レジスト薄膜）

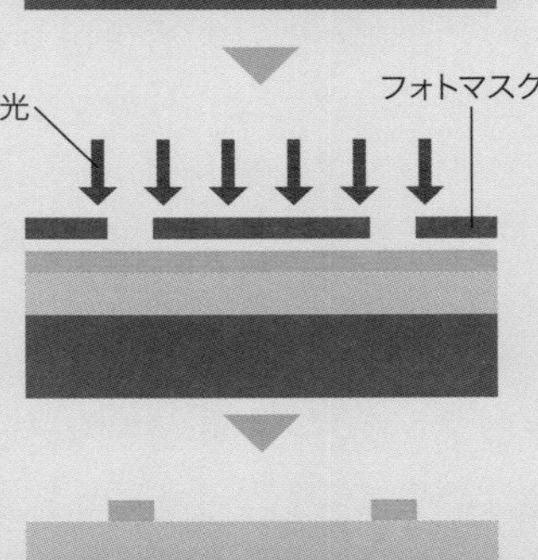

光

フォトマスク

シリコンウエハ上に酸化膜ができている状態

フォトレジストの塗布

感光剤や有機溶剤からなる液状の化学薬剤をウエハに塗る

露光

光に照射し、フォトマスク上の回路パターンをフォトレジストに転写する

現象

現象液を使い、光照射領域を溶かして除去する

フォトリソグラフィを行うエリア。蛍光灯に含まれる紫外線によってフォトレジストが反応しないよう、紫外線成分をカットしているため、室内のライトが黄色くなっている

前工程（デバイス形成）〜エッチング

ガスや薬液を使って、残されている不要なシリコンや薄膜を削り取ります。

ドライエッチングの流れ

フォトリソグラフィの工程で現像まで済ませたら、今度は**エッチング**を行います。回路パターンに沿って、シリコンや薄膜材料を削る作業です。

エッチングには、**ドライエッチング**と**ウエットエッチング**があります。

ドライエッチングでは、削る材料の層に応じた反応性ガスを用います。そのガスによって発生した電子やイオン、プラズマなどと材料層を反応させ、揮発性の生成物をつくることにより、残されている不要な薄膜を除去します。

また、ドライエッチングは**異方性エッチング**になります。異方性エッチングとは、エッチングの反応が一方向に進むエッチングのことです。フォトレジストに対し、被エッチング膜（残されている不要な薄膜）を垂直方向に削るのです。

異方性エッチングを使えば、フォトリソグラフィの工程で作成した回路パターンに沿って高精度な微細加工を施すことができます。そのため現在では、ドライエッチングがエッチングの主流となっています。

ウエットエッチングの流れ

ウエットエッチングは、薬液を使って残されている不要な薄膜を溶かして除去します。薬液は材料に応じてフッ酸や硝酸などを使い分けますが、汎用的な薬液を使って数十枚同時にバッチ処理すれば、コストを低減することも可能です。

また、ドライエッチングでは反応性ガスで発生したプラズマなどがウエハにダメージを与えることがありますが、ウエットエッチングではプラズマなどが発生することがないので、ウエハへのダメージが少なくてすみます。

ただし、ウエットエッチングには難点があります。フォトレジストに対し、被エッチング膜を垂直方向と同時に水平方向にも削る**等方性エッチング**が基本となるため、マスクパターンに**アンダーカット**が入り、微細加工を行うことが困難になるのです。

そうした理由により、ウエットエッチングは微細な加工精度を必要としないプロセスや、ウエハ全面をエッチングする工程などに使用範囲が限られてしまいます。

エッチングの目的

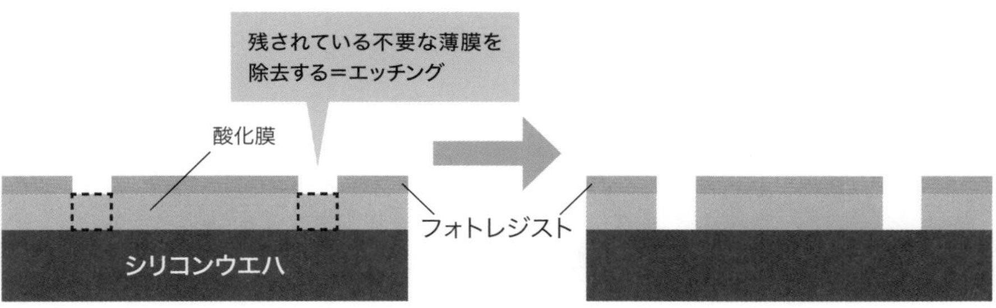
残されている不要な薄膜を
除去する＝エッチング
酸化膜
フォトレジスト
シリコンウエハ

ドライエッチングとウエットエッチングの違い

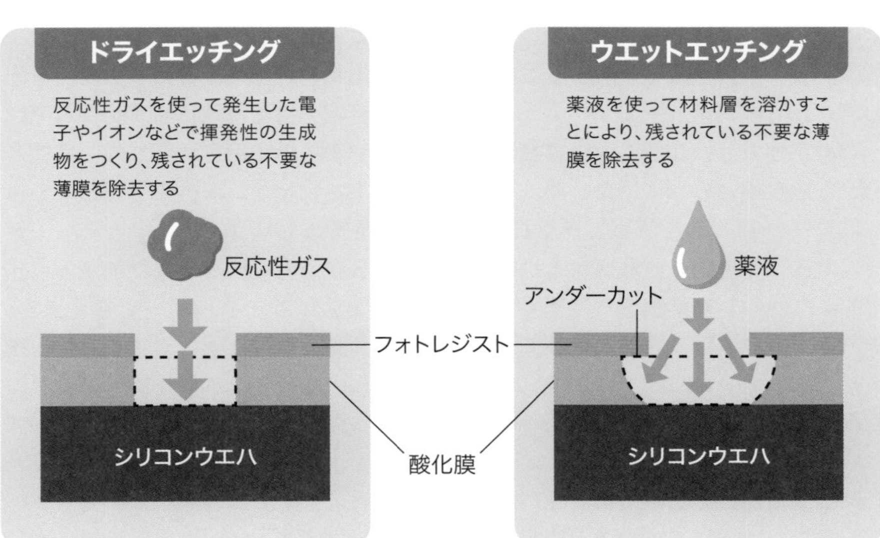
ドライエッチング
反応性ガスを使って発生した電子やイオンなどで揮発性の生成物をつくり、残されている不要な薄膜を除去する
反応性ガス
フォトレジスト
シリコンウエハ
酸化膜
ウエットエッチング
薬液を使って材料層を溶かすことにより、残されている不要な薄膜を除去する
薬液
アンダーカット
シリコンウエハ

ドライエッチング（異方性エッチング）		ウエットエッチング（等方性エッチング）
反応性ガス	使用材	薬液
高い	加工精度	低い
高い	コスト	低い

前工程（デバイス形成）〜不純物注入

半導体デバイスとしてコントロールできるように、シリコンウエハに不純物を打ち込みます。

かつては熱拡散法が主流だった

エッチングが済んだら、**不純物注入**の作業を行います。シリコンウエハやポリシリコン膜にボロン（ホウ素）やリンなどの不純物を添加して電気的な性質を変え、半導体デバイスとして抵抗値をコントロールできるようにするのです。

この工程では、かつては**熱拡散法**という方法が用いられていました。拡散炉内に不純物ガスを流して熱を加え、ウエハ内に不純物を拡散させるやり方です。しかし、熱拡散法では多くのウエハを一括で処理できるというメリットがある反面、制御するのが難しく、微細な構造の不純物拡散には向かないというデメリットもありました。そうした理由で熱拡散法はあまり用いられなくなり、現在は**イオン注入法**が主流となっています。

現在はイオン注入法が主流に

イオン注入法とは、文字どおりウエハの表面にイオンを注入する方法で、**イオン注入装置**を用いて行います。

まず、イオン源でリンやボロンなどの不純物のイオンソースを**イオン化**します。リンの場合はホスフィン（PH_3）、ボロンの場合はジボラン（B_2H_6）といった原料ガスを使って真空中でイオン化します。

次に、イオン源で発生させたイオンを引出電極の正の電界によって引き出し、質量分析器に通します。ここでは電場や磁場の作用を利用して、目的とする不純物イオン以外の不要となるイオンを除去します。

さらに、高電圧を加えた加速管にイオンを通してエネルギーを与えます。エネルギーを得たイオンは加速し、**イオンビーム**と呼ばれる光線状の流れになります。そして偏向器やＱレンズでイオンビームの向きを揃え、絞ります。

最後はイオンビームを走査器に通します。イオンビームは照射径が小さいため、そのままではウエハ全面に当たりません。そこでＸ方向、Ｙ方向になぞり、エンドステーションでウエハ全体にまんべんなく打ち込めるようにします。こうして不純物のイオンがウエハの表面に添加されるのです。

イオン注入のイメージ

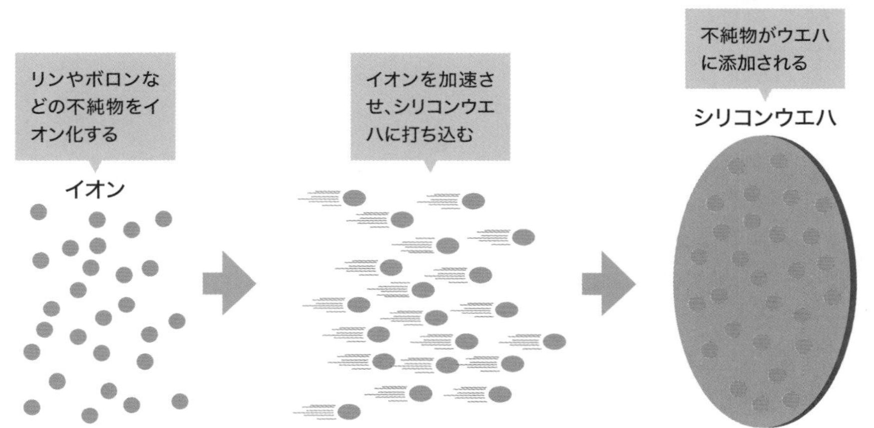
リンやボロンなどの不純物をイオン化する
イオン
イオンを加速させ、シリコンウエハに打ち込む
不純物がウエハに添加される
シリコンウエハ

イオン注入装置でのイオン注入の流れ

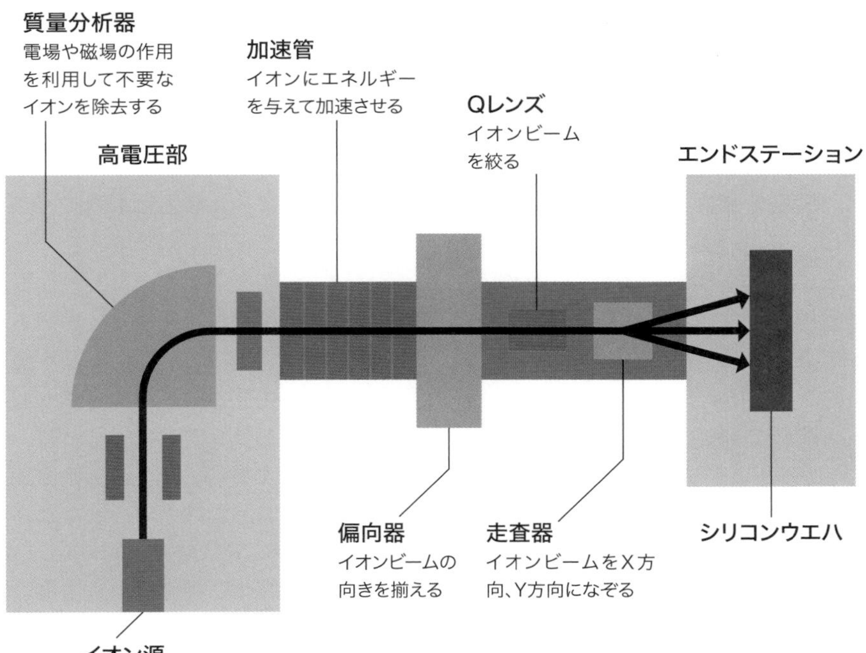
質量分析器
電場や磁場の作用を利用して不要なイオンを除去する
加速管
イオンにエネルギーを与えて加速させる
Qレンズ
イオンビームを絞る
高電圧部
エンドステーション
偏向器
イオンビームの向きを揃える
走査器
イオンビームをX方向、Y方向になぞる
シリコンウエハ
イオン源

前工程(デバイス形成)～熱処理

不純物注入によって崩れてしまったシリコン結晶構造を、熱処理によって回復させるプロセスです。

アニールで結晶を回復する

不純物注入では、イオン注入法を用い、シリコンウエハにイオンを打ち込みました。それによって、意図したとおりにウエハに不純物を添加することができました。ところが、イオンがぶつかった領域では、シリコン結晶構造に異常が生じてしまいます。イオンが注入されたことによって原子の配列が乱れ、結晶構造が崩れてしまうのです。

そこで今度は、結晶構造を回復させるために**熱処理**を行います。熱処理とは、ウエハに熱エネルギーを与えること。結晶構造を修復する際に行う熱処理は、**アニール**(anneal)ともいわれます。アニールを行うと、短時間で結晶構造が回復するうえ、注入されたイオンは電気的に活性化されます。

2種類の熱処理装置

熱処理を行う際に用いる**熱処理装置**には、**熱処理炉**と**ランプアニール装置**の2種類があります。

熱処理炉では、ウエハボードに数十～100枚程度のウエハをのせて処理します。これを**バッチ式**といいます。

一度に大量に処理できる点が大きなメリットになっていますが、数が多いぶん、ウエハを炉内に入れるのに時間がかかるうえ、炉が大きいせいで昇降温にも時間を要します。そのため、時間あたりの処理能力を上げにくいというデメリットもあります。

一方、ランプアニール装置では、ウエハを1枚ずつ赤外線ランプで高速加熱していきます。これを**枚葉式**といいます。最近では、赤外線ランプをレーザーに代えた**レーザアニール装置**も普及しています。

ランプアニール装置は数秒で1000度以上の高速昇温が可能で、注入した不純物の分布を崩すことなく結晶性回復のための熱処理を施すことができます。さらに1枚あたりの処理時間が短いので、生産性も高くなります。

熱処理炉とランプアニール装置、いずれを用いるかは、ウエハに熱を加える時間やウエハ面内の均一性など、その工程ごとに使い分けられています。しかし、微細化が進んでいる先端のプロセスでは、枚葉式のランプアニール装置が主流となっています。

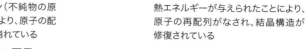

熱処理を行う理由

不純物注入後の結晶構造

シリコンウエハにイオン（不純物の原子）が注入されたことにより、原子の配列が乱れ、結晶構造が崩れている

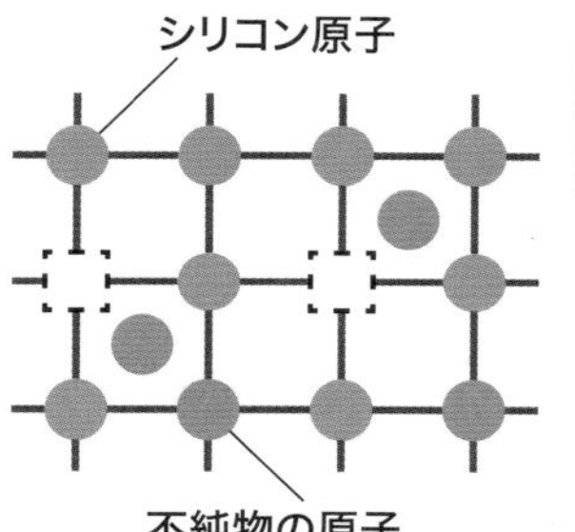

熱処理後の結晶構造

熱エネルギーが与えられたことにより、原子の再配列がなされ、結晶構造が修復されている

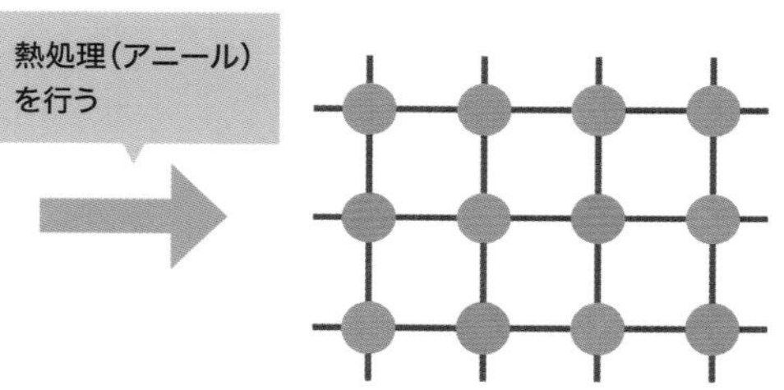

熱処理装置の構造

熱処理炉（バッチ式）

ウエハボードに数十〜100枚程度のウエハをのせて処理する（バッチ式）

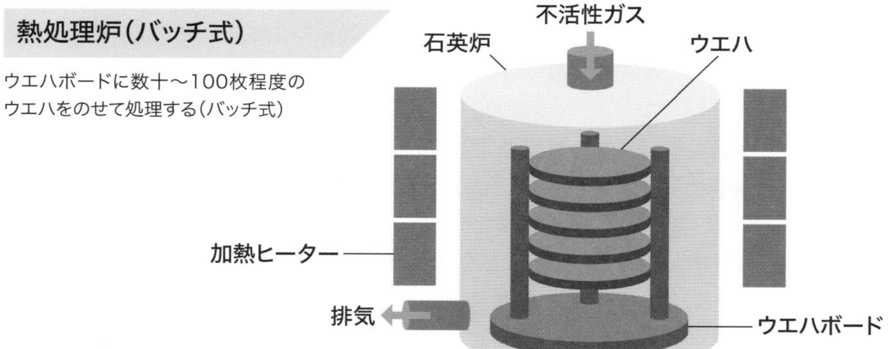

ランプアニール装置（枚葉式）

ウエハを1枚ずつ赤外線ランプで高速加熱する（枚葉式）

※アニール（anneal）は熱処理用語で「焼鈍（やきなまし）」を意味する

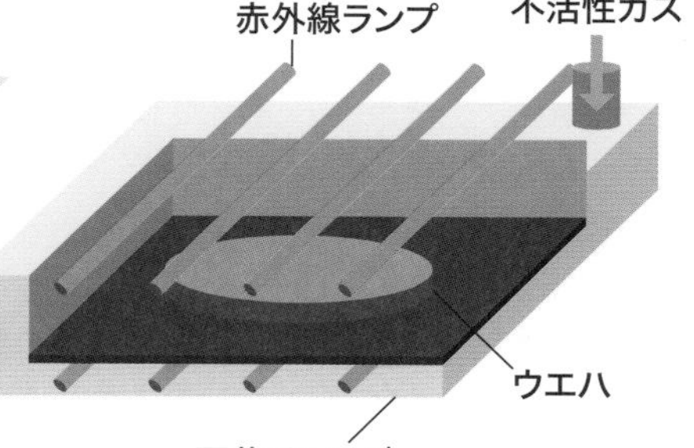

Chapter 3 半導体のつくり方

前工程（デバイス形成）〜平坦化

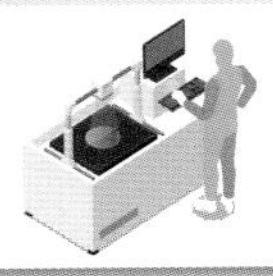

化学的作用と機械的作用をミックスした方法で、シリコンウエハの表面の凹凸を除去します。

凹凸は半導体の敵

半導体製造の工程が進み、成膜やエッチングなどを繰り返しているうちに、シリコンウエハの表面に凹凸が増えていきます。凹凸が大きくなると、とくに**配線層**で問題が生じます。

最近の半導体は高機能化が進んでおり、配線は１層で形成することができず、複数層の**多層配線構造**となっています。しかし、配線層を何層も積層していくと凹凸が徐々に大きくなり、最悪の場合、配線が切れてしまいます。断線すると導通がとれません。したがって、その半導体チップは不良になってしまいます。

また、ウエハの表面に凹凸があると、フォトリソグラフィの露光時にレンズの焦点距離が変わってしまい、正確な露光ができなくなるという不具合も生じます。

そこでウエハ表面の凹凸を除去する**平坦化**の作業を行うのです。

化学と機械の力を用いる

平坦化の手法には**CMP（Chemical Mechanical Polishing）**（ケミカル メカニカル ポリッシング）があります。これは**化学機械研磨**と訳され、文字どおり化学的な作用と機械的な作用を合わせてウエハ表面を研磨する手法を意味します。この手法の名称から、平坦化の工程を**CMP 工程**ということもあります。

具体的には、まずウエハの表面に**スラリー**と呼ばれる研磨剤と界面活性剤などが含まれた薬液を流し、表面を変質、溶解させます。これが化学的な作用です。

ちなみにスラリーは、アルミナやシリカ、ダイヤモンドなどの砥粒と水溶液でつくられており、平坦化において研磨するウエハの表面の材質がどんなものかによって、使用するスラリーも変わってきます。

次に、ウエハの表面を**研磨パッド**に押し当てて研磨し、平坦にしていきます。これが機械的な作用です。すなわちCMPでは、機械的な作用を化学的な作用でアシストするわけです。

この平坦化の作業はウエハ製造工程のほか、配線工程などでも行われます。そして、それらの工程において、CMPの手法が使われています。

CMPによる研磨の流れ

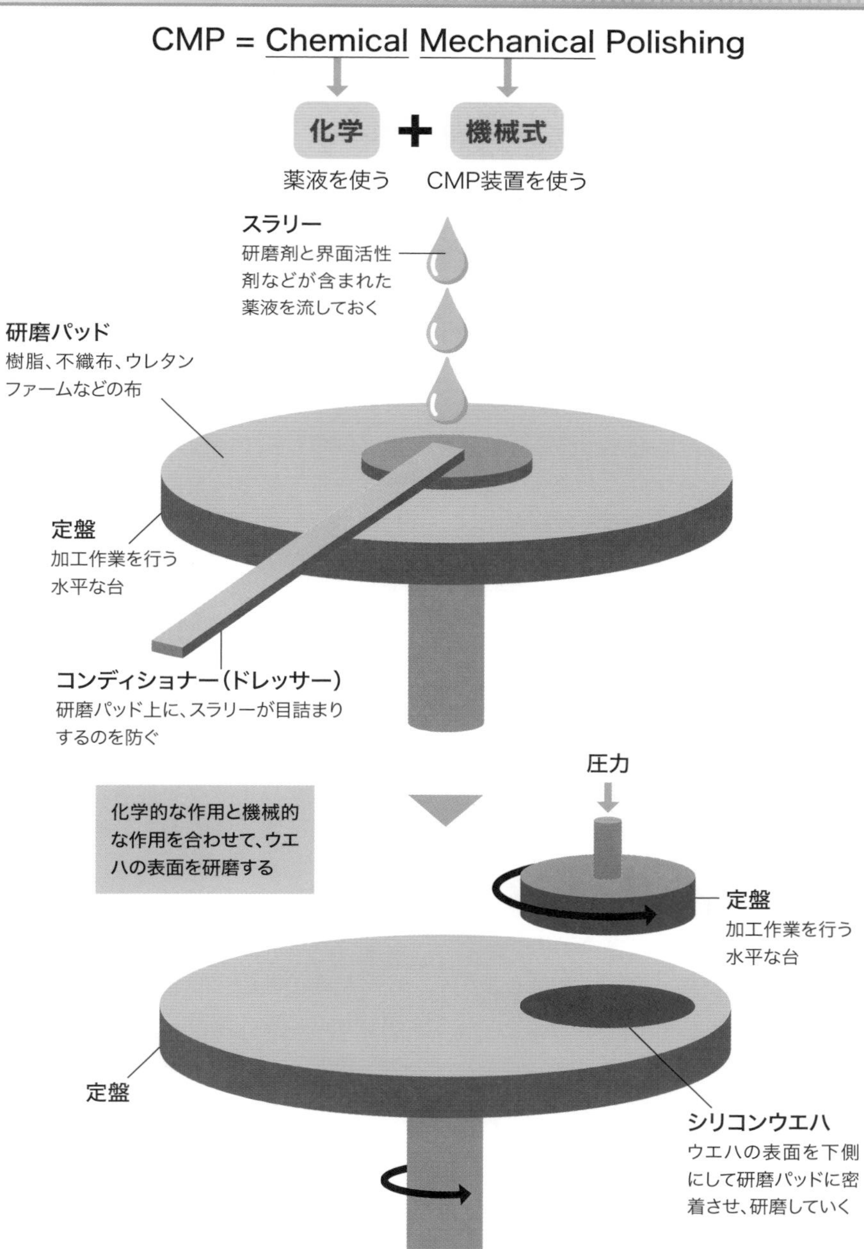

CMP = Chemical Mechanical Polishing
化学
機械式
薬液を使う
CMP装置を使う
スラリー
研磨剤と界面活性剤などが含まれた薬液を流しておく
研磨パッド
樹脂、不織布、ウレタンファームなどの布
定盤
加工作業を行う水平な台
コンディショナー（ドレッサー）
研磨パッド上に、スラリーが目詰まりするのを防ぐ
圧力
化学的な作用と機械的な作用を合わせて、ウエハの表面を研磨する
定盤
加工作業を行う水平な台
定盤
シリコンウエハ
ウエハの表面を下側にして研磨パッドに密着させ、研磨していく

前工程（デバイス形成）～ウエハ検査

検査は重要。できばえや不良品の有無をチェックして、その場その場で対処するようにします。

3つの検査がある

これまで前工程の作業について紹介してきたましたが、工程が進むなかで**ウエハ検査**が行われます。その検査は、①加工後のできばえをみる検査、②異物や外観を調べる検査、③電気特性を測定する検査の３つに分けられます。

検査を行い、データを一元管理

①加工後のできばえをみる検査は**膜厚測定**、**寸法測定**、**アライメント精度測定**の３つからなります。

膜厚測定では、成膜した薄膜やエッチングで削った残りの膜が所望の厚みになっているかを確認します。

寸法測定では、指定された位置の回路パターンの線幅や穴径などの寸法が意図したとおりに加工されているかを確認します。

アライメント精度測定では、フォトリソグラフィにおけるマスクパターンの精度を確認します。

②異物や外観などの検査は、**異物・欠陥検出**と**外観検査**からなります。

異物・欠陥検出では、不良の要因となるパーティクル（微粒子状の異物）やパターンの欠陥の有無を調べます。

外観検査では、キズや汚れの検出を行います。自動外観検査装置を使ってオートマチックで実施されるケースと、担当者の五感で品質を判定する官能検査（ここでは主に顕微鏡による目視検査）が行われるケースがあります。

③電気特性を測定する検査ですが、これは最終的な良品判定の検査（P128～）ではありません。**PCM（Process Control Monitor）**（プロセス コントロール モニター）、あるいは**TEG（Test Element Group）**（テスト エレメント グループ）と呼ばれるものです。

この検査は半導体を構成している素子や回路を特性評価用に分離させてつくり込んでおくことにより、回路の性能や製造プロセスを評価する際に使います。検査結果から、素子レベルで要求どおりのものができているかどうかがわかるので、意図していない結果が出た場合は、どの工程に問題があったかを探ることになります。

このように検査によって測定されたデータは一元管理され、**歩留り**（ぶどまり）（良品率）や信頼性に関するバックデータとして、工程改善などに利用されます。

ウエハに関する3つの検査

❶加工後のできばえをみる

検査名	**膜厚測定**	**寸法測定**	**アライメント精度測定**
目　的	成膜した薄膜やエッチングで削った残りの膜が所望の厚みになっているかを確認する	回路パターンの線幅や穴径などの寸法が意図したとおりに加工されているかを確認する	フォトリソグラフィにおけるマスクパターンの合わせ精度を確認する

❷異物や外観などをみる

検査名	**異物・欠陥検出**	**外観検査**
目　的	不良の要因となるパーティクル（微粒子状の異物）やパターンの欠陥の有無を調べる	キズや汚れの有無を調べる

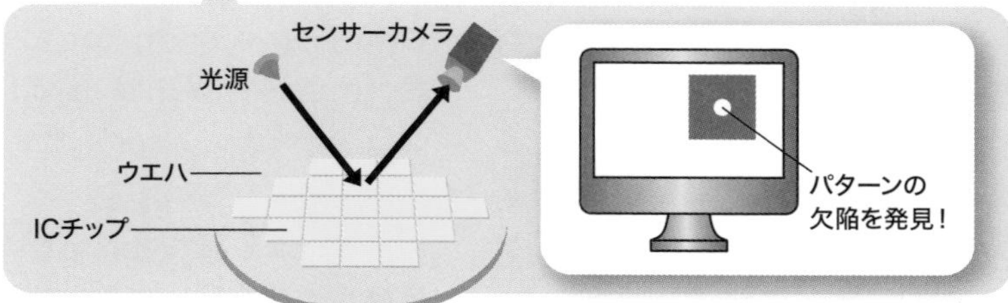

❸電気特性を検査する

検査名	**特性検査（PCM）**
目　的	ICを精成している素子、回路を単体レベルに分離させた評価用素子を測定することにより、回路性能や製造プロセスの評価材料とする

豆知識

歩留りとは何か？

半導体製造では、しばしば「歩留り」という言葉が使われます。これは生産された半導体デバイスから不良品を引いたものの割合（良品率）のことです。

1枚のウエハで100チップつくれるとして、良品が80チップとれた場合、歩留りは80%。「歩留りが高い」といえば、不良品が少なく良品が多い（=生産性が高い）ことになります。半導体工場の技術者たちは、この歩留りの向上を目指し、日々努力を重ねているのです。

前工程（デバイス形成）～CMOSの製造フロー①

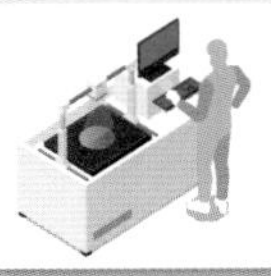

CMOSの製造の一連の流れを追いかけて、デバイス形成の全体像をつかみましょう。

デバイスこうしてできる

　ここまでは前工程におけるデバイス形成の各工程についてみてきました。次は同じ前工程の配線形成に入っていきますが、その前に半導体製造の流れを復習しておきましょう。

　半導体の代表的なデバイスであるCMOSの製造工程について、断面図をみながらダイジェストで説明します。1章で紹介したように、CMOSとは、MOS構造（金属と半導体の間に薄い酸化膜が挟まれた構造）のp型トランジスタとn型トランジスタを一対として組み合わせた論理回路構成のこと。正式にはComplementary Metal-Oxide-Semiconductor（コンプリメンタリー メタル オキサイド セミコンダクター）といい、金属（metal）・酸化膜（oxide）・半導体（semiconductor）のサンドイッチ構造になっています。

　この一連の流れを追っていくと、全体像がイメージしやすくなるはずです。

CMOS製造の流れ

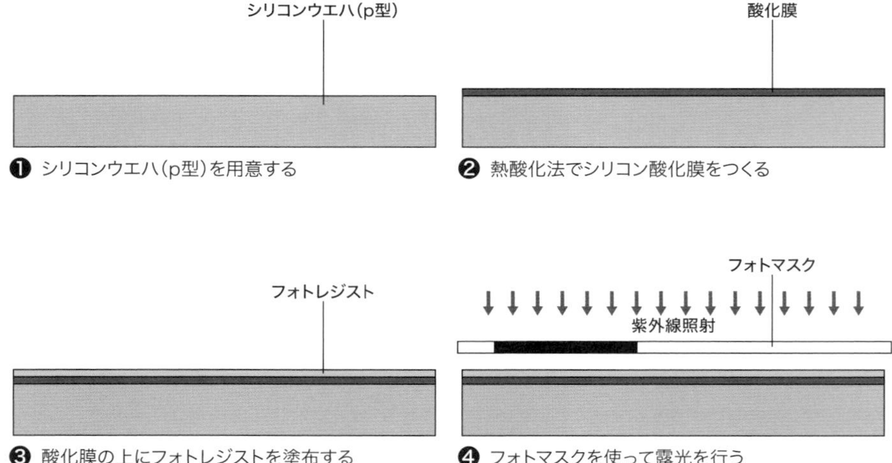

❶ シリコンウエハ（p型）を用意する

❷ 熱酸化法でシリコン酸化膜をつくる

❸ 酸化膜の上にフォトレジストを塗布する

❹ フォトマスクを使って露光を行う

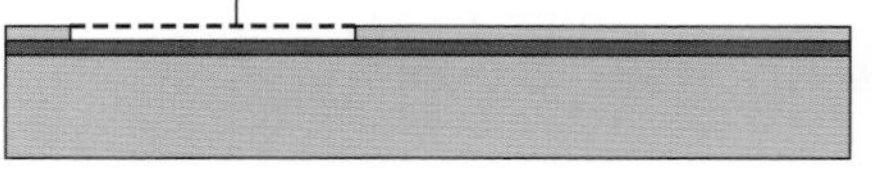

❺ 現像すると、光が当たらなかった部分のフォトレジストが溶解してなくなる

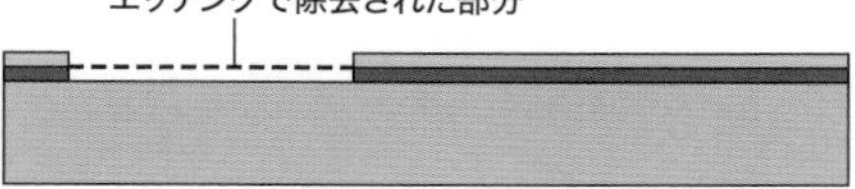

❻ フォトレジストがなくなった部分の酸化膜をエッチングする

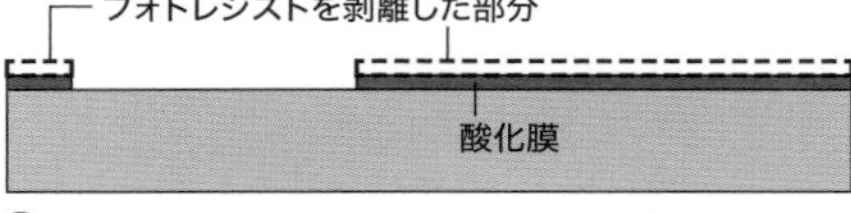

❼ 薬液を使って不要になったフォトレジストを剥離する

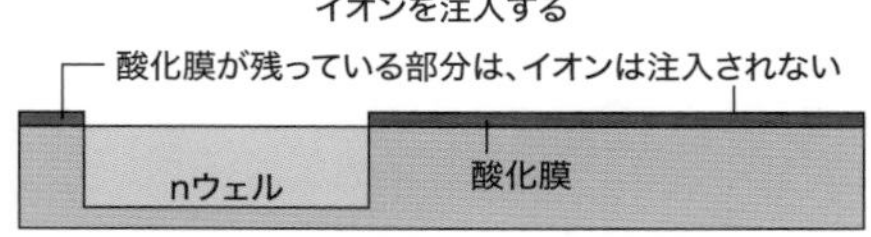

❽ イオン注入によってnウェル（n型の領域）を形成する。井戸のような形になるため、ウェル(well)という

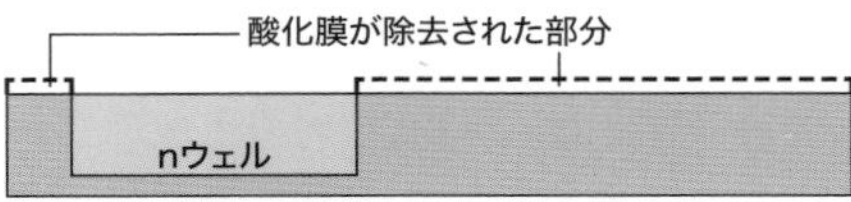

❾ 不要となった酸化膜を除去する

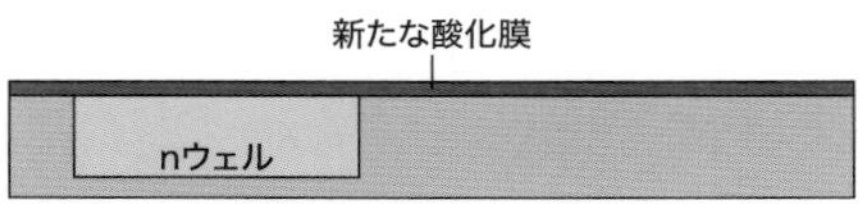

❿ 新たに酸化膜を形成し直す

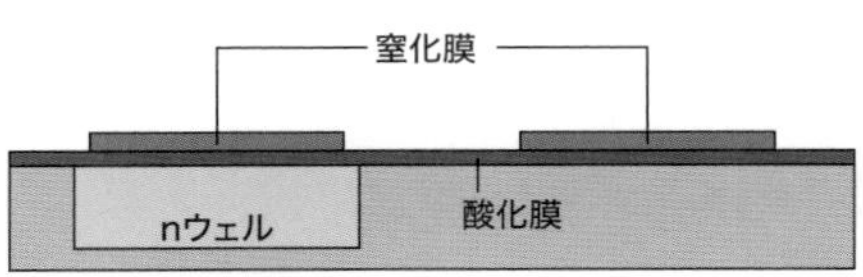

⓫ CVD法で窒化膜を成膜し、レジスト塗布・露光・現像・エッチングの一連の処理（パターニング）を行う

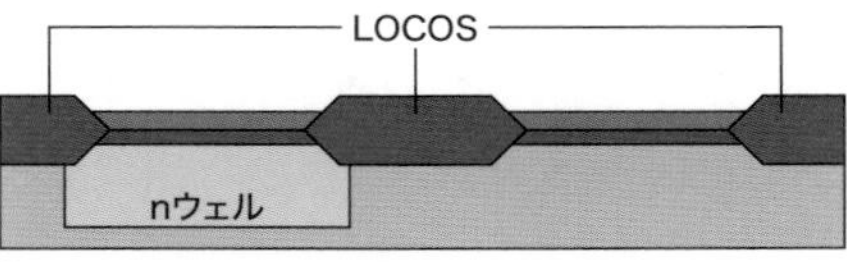

⓬ デバイス分離用の絶縁膜であるLOCOSをつくり、デバイス間を分離する

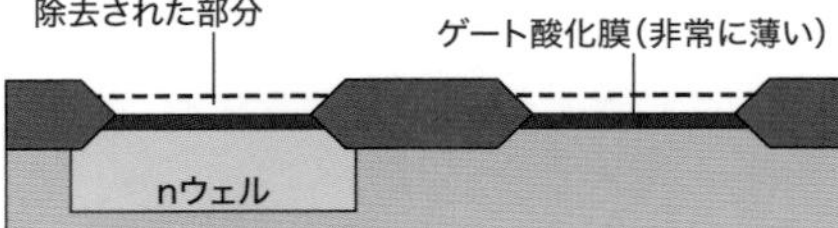

⓭ 窒化膜と窒化膜下の酸化膜を除去し、ゲート酸化膜をつくる

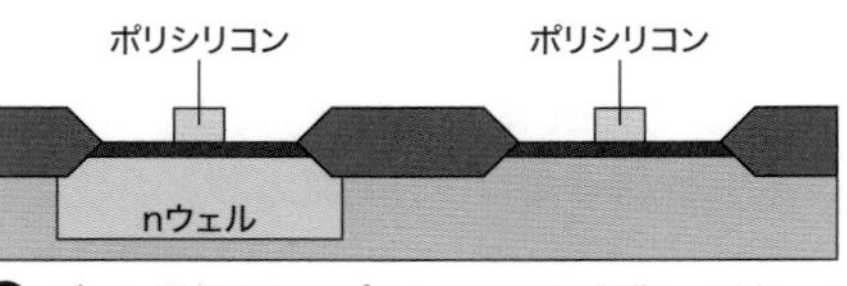

⓮ ゲート電極となるポリシリコンを成膜し、パターニングを行う

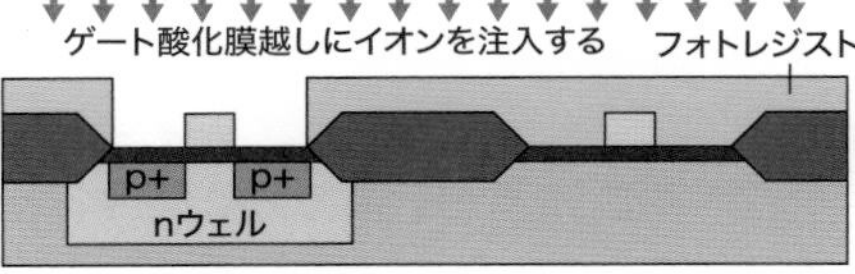

⓯ フォトレジストをマスクにしてイオンを注入し、p-MOSのソース、ドレインを形成する

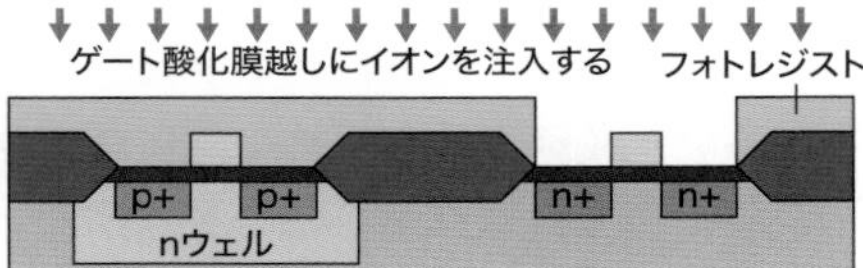

⓰ フォトレジストをマスクにしてイオンを注入し、n-MOSのソース、ドレインを形成する

前工程（デバイス形成）～CMOSの製造フロー②配線

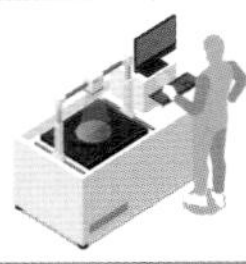

ウエハ上に積載したデバイス同士を金属配線によって接続します。技術の進歩で多層配線も可能です。

一層配線の流れ

前項でみたデバイス形成の一連の流れの後は、**配線形成**に入ります。ウエハ上に積載したトランジスタなどのデバイス同士を、金属配線によって接続する工程です。

まず、**CVD法**で**層間絶縁膜**をつくります。層間絶縁膜はデバイスと配線間、さらに多層配線間を絶縁するための膜で、通常は酸化膜やボロン（B）とリン（P）が入った酸化膜であるBPSG膜が使われます。

次に電極の電気の通り道を確保するため、層間絶縁膜に**コンタクトホール**といわれる開口を形成します。

次に**スパッタ法**によって、配線材料の金属を成膜します。**アルミニウム**、あるいは**銅**が使われます。

配線材料が成膜できたら、今度は露光や現像、エッチングなどを行い、配線を**パターニング**します。

そして最後は、湿度などの水分や汚染からデバイスを守るための**保護膜**を形成した後、電極パッド部分をパターニングし、保護膜を抜きます。これで配線の作業は終了です。

多層配線ではダマシン法を使う

先に紹介したのは**一層配線**の流れですが、実際には一層配線にすることはほとんどありません。先端のロジック半導体などでは、十数層の**多層配線**が珍しくなくなってきています。

多層配線を形成する際には、**ダマシン**法が用いられます。これは銅メッキとCMP（Chemical Mechanical Polishing：化学機械研磨）を組み合わせた技術です。

近年は微細化技術の進歩により、配線はどんどん細くなり、電気抵抗が増大してきました。そのため、従来使われていたアルミニウムではなく、より抵抗が低く、耐性に優れた銅が使われるようになりました。ただし、銅にはエッチング加工が難しいというデメリットがあります。そこで層間絶縁膜にビアといわれる配線用の穴を掘って銅メッキを施し、平坦な層を新たに成膜して配線します。この工法がダマシン法です。

ダマシン法を用いることにより、十数層にもなる多層配線を実現することが可能になっています。

一層配線の流れ

❶ 層間絶縁膜の成膜

デバイスと配線間、さらに多層配線間を絶縁する層間絶縁膜をCVD法でつくる

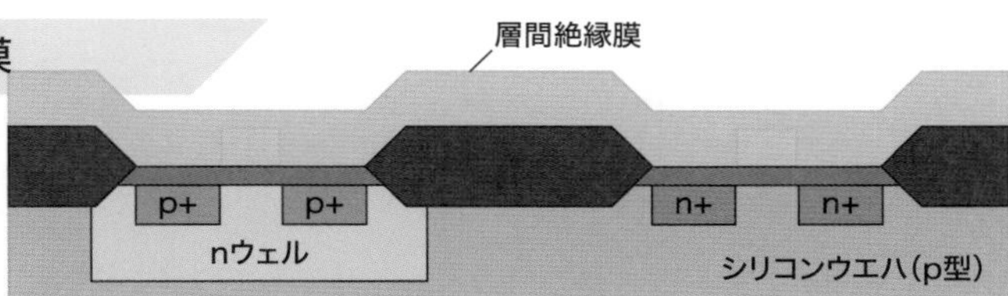

❷ コンタクトホールの形成

電極の電気の通り道を確保するため、層間絶縁膜にコンタクトホールを空ける

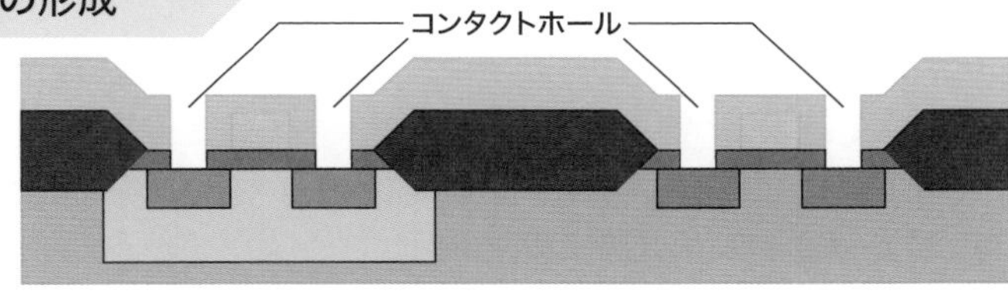

❸ 配線材料の成膜

アルミニウムなどの配線材料をスパッタ法により成膜する

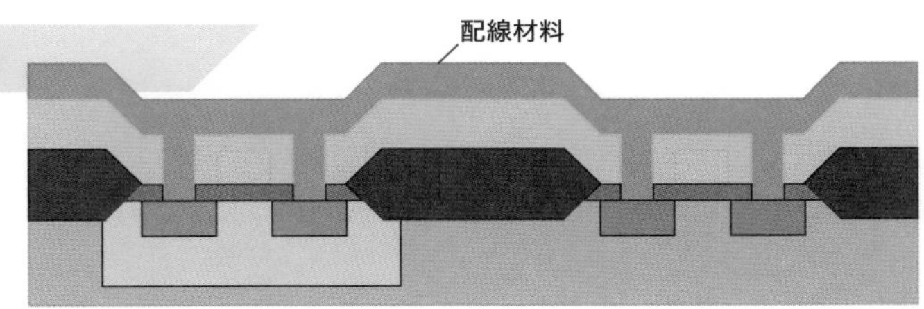

❹ 配線パターンの形成

露光や現像、エッチングなどを行い、配線をパターニングする

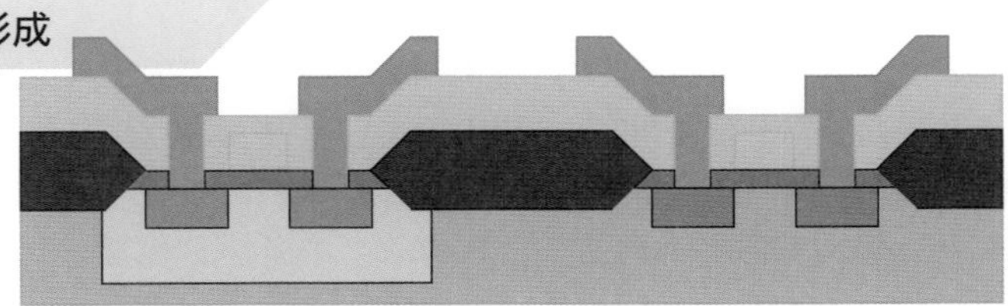

❺ 保護膜の形成

湿度などの水分や汚染からデバイスを守るための保護膜を形成。その後、保護膜を抜く

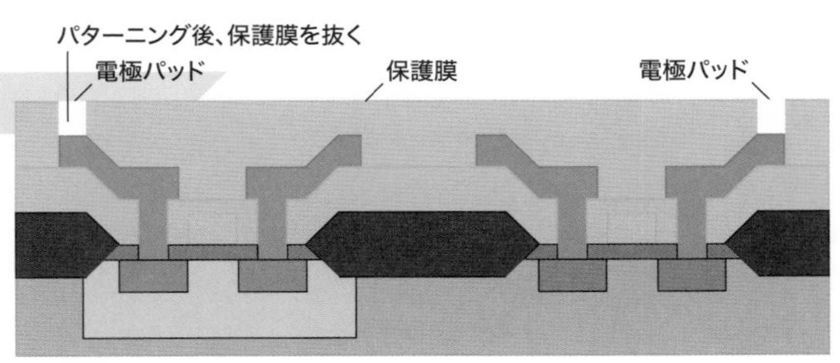

前工程（検査）〜ウエハ電気特性検査

前工程の仕上げとして、ウエハにつくり込まれたチップの電気特性を検査します。

前工程の最終段階

ウエハ検査については先に述べましたが（P116〜）、前工程の最後にもうひとつの検査が行われます。ウエハ上につくり込まれたチップの電気特性を調べる**ウエハ電気特性検査**です。ここでは、その検査の基本的な方法を説明しましょう。

電気特性検査では**テスタ**と**ウエハプローバ**という装置を用います。テスタにはロジック用テスタ、メモリ用テスタ、アナログ用テスタ、パワー用テスタなどがあり、測定する半導体の種類によって使い分けます。

まず、前工程を経て完成したウエハをウエハプローバのステージ上に載せます（ウエハが入ったキャリアから自動搬送されてきます）。次に、ウエハプローバ上の**テスタヘッド**の部分に取り付けられている**プローブカード**の針を、チップの電極に接触させます。

そしてテスタから検査プログラムで規定された電気信号を送り、チップから返ってくる出力反応を確認。その値があらかじめ決められた範囲内であるかどうかを見て、良品か不良品かを判定します。

どんな試験があるのか？

では、電気特性検査にはどのような項目があるのでしょうか。

ロジック半導体などの場合、最初に行われるのが直流（DC：Direct（ダイレクト） Current（カレント））特性を測定する**DC試験**です。この試験では、プローブカードの針とウエハの接触を確認するオープン試験と、ほかの針との短絡を確認するショート試験が行われます。両方の試験をパスしなければ次の試験を受けることができません。

その後、**入出力電流試験**や**入出力電圧試験**などが行われ、交流（AC：Alternating Current）特性を測定する**AC試験**へと進みます。AC試験では、スイッチング特性や発振、論理動作などの検査が実施されます。製品ごとにプログラムが作成されており、それにもとづいて検査を進めていきます。

検査の結果､規格から外れて「不良」と判定されたチップは、チップ上にインク打点され、誰の見た目にも不良と認識できるようにします。

電気特性検査のしくみ

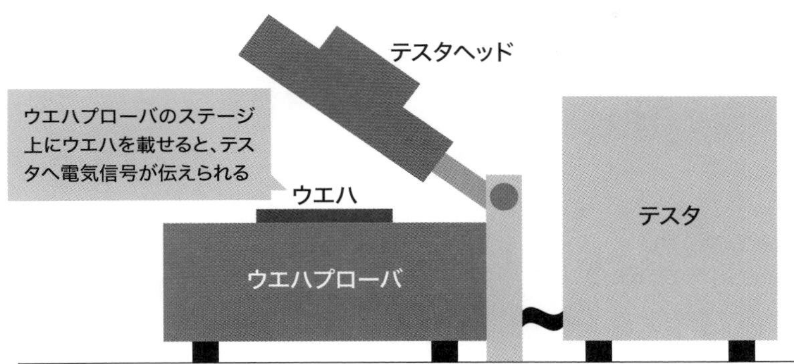

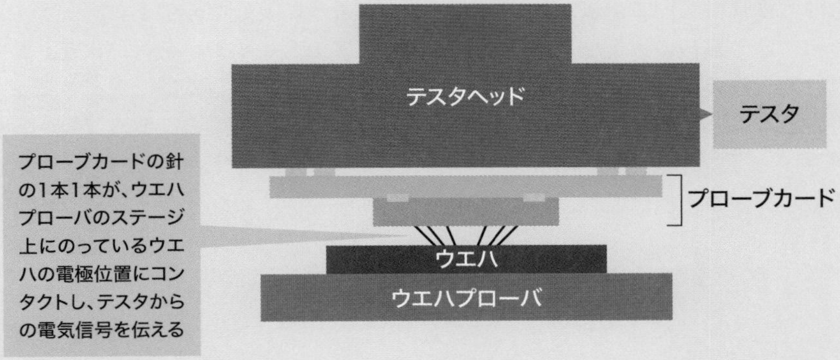

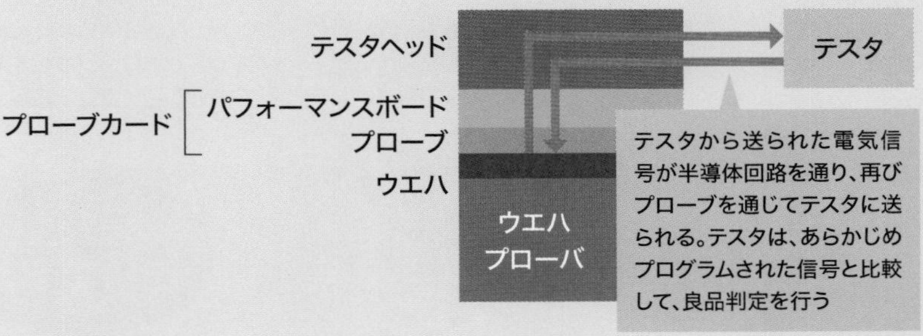

テスタヘッド
ウエハプローバのステージ上にウエハを載せると、テスタへ電気信号が伝えられる
ウエハ
ウエハプローバ
テスタ

テスタヘッド
テスタ
プローブカードの針の1本1本が、ウエハプローバのステージ上にのっているウエハの電極位置にコンタクトし、テスタからの電気信号を伝える
プローブカード
ウエハ
ウエハプローバ

テスタヘッド
テスタ
プローブカード
パフォーマンスボード
プローブ
ウエハ
ウエハプローバ
テスタから送られた電気信号が半導体回路を通り、再びプローブを通じてテスタに送られる。テスタは、あらかじめプログラムされた信号と比較して、良品判定を行う

この検査で良品と判定されたものだけが次の工程に進むことができる

後工程（組付け）～ダイシング・ダイボンディング

ウエハの半導体チップを1つずつ切り分け、パッケージの基板となるリードフレームに貼り付けます。

ダイシングの流れ

ここから**後工程**（あとこうてい）に入ります。後工程とは前工程でつくったシリコンウエハを製品の形にする製造プロセスで、**組付け**と**検査**に大別できます。

組付けの最初のステップはダイシング。前工程の最後で電気特性検査を受け、「良品」と判定されたウエハの半導体チップを１つずつ切り分ける作業です。その流れは次のように進んでいきます。

まず、**UV テープ**をウエハに貼り付け、ウエハをフレームに固定します。UV テープをウエハに貼るのは、ダイシング後にチップがバラバラにならないようにするためです。

次にダイシングを行います。ダイシングの方法としては、ダイヤモンド砥粒がついた円形刃を使う**ブレードダイシング**と、ブレードの代わりにレーザーを使う**レーザダイシング**の２つが

ダイシングの流れ

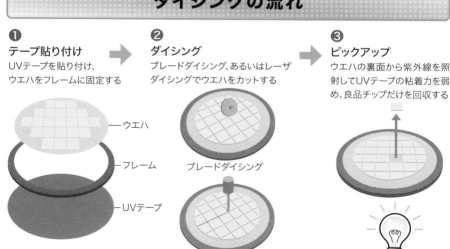

❶ **テープ貼り付け**
UVテープを貼り付け、ウエハをフレームに固定する

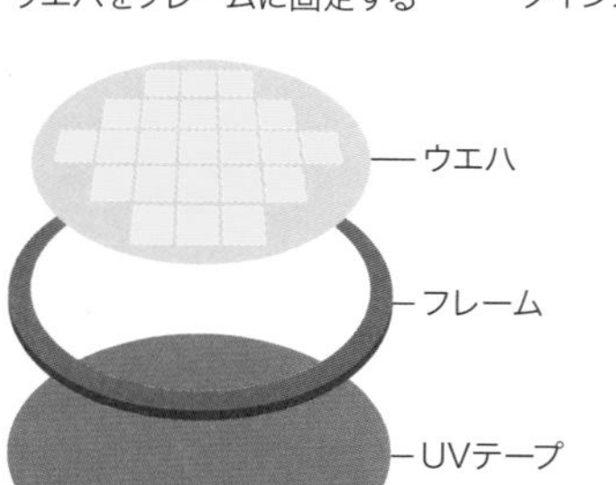

❷ **ダイシング**
ブレードダイシング、あるいはレーザダイシングでウエハをカットする

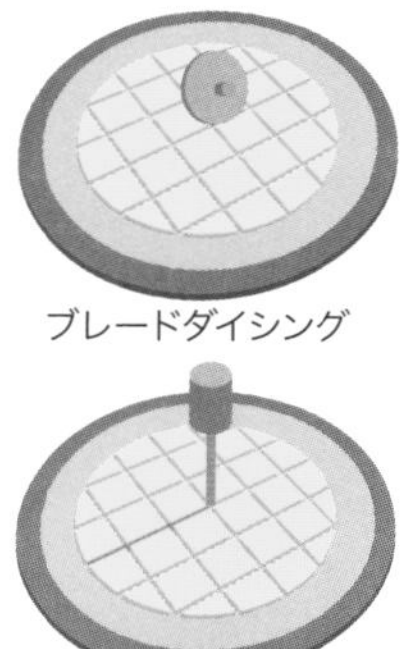

❸ **ピックアップ**
ウエハの裏面から紫外線を照射してUVテープの粘着力を弱め、良品チップだけを回収する

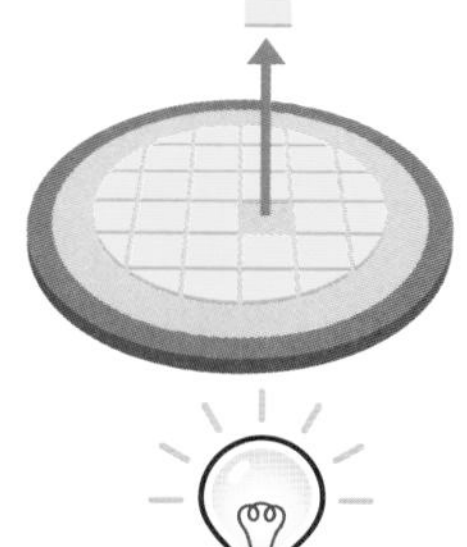

あります。

ダイシングが済んだら、紫外線を照射します。UV テープは紫外線を受けると硬化して粘着力が弱まるので、引き延ばして隣接するチップ間の距離をとってから、インクが打たれていない良品チップだけをピックアップします。これでダイシングは終了です。

ダイボンディングの流れ

ダイシング後には、**ダイボンディング**を行います。これはダイシングで切り分けたチップをパッケージの基板となるリードフレームなどに貼り付ける作業で、マウントとも呼ばれます。

まず、チップを固定して、外部配線と接続するための金属薄板でつくられた**リードフレーム**上のアイランド部（チップを載せる位置）に、導電性の接着剤を塗布します。

リードフレームは機械的強度や電気伝導度、熱伝導度などの優れた銅合金系素材や鉄合金系素材の薄板をプレス（打ち抜き）やエッチングなどによって加工して作られる部品です。

また、導電性の接着剤には銀ペースト樹脂やフィルム樹脂、金属接合するはんだ材など、さまざまな種類のものを用途によって使い分けます。

次に、チップを接着剤の上に載せて貼り付けます。そのままではチップが不安定なので、加熱することによって固定します。この一連の作業を行う装置を**ダイボンダー**、または**マウンター**といいます。

ダイボンディングの流れ

❶
チップを用意
ダイシングにより、
良品チップを用意する

❷
接着剤塗布
リードフレーム上のアイランド部に
導電性の接着剤を塗布する

❸
チップ貼り付け
接着剤を塗布した上に、
チップを載せて貼り付ける

❹
チップ固定化
加熱することによって、チップを
リードフレームに固定する

後工程（組付け）〜ワイヤーボンディング・モールド

半導体チップとリードをつないでチップを樹脂などで覆い、パッケージングを進めます。

ワイヤーボンディングの流れ

ダイボンディングの工程で、チップをリードフレームに固定したら、**ワイヤーボンディング**の工程に進みます。ワイヤーボンディングとは、チップと外部を電気的に接続し、電気信号を受け渡しできるようにする作業です。

具体的には、**ワイヤーボンダ**と呼ばれる装置を用い、チップの表面に形成されているボンディング用パッド（電極）とリードフレーム側のリード電極間を、**ボンディングワイヤー**（金線）などで１つずつ接続します。

ワイヤーボンダには超高速動作で結線することが求められ、現在では１ヵ所あたりの結線速度が0.05秒程度、１秒間に数十ヵ所を結線できるものが主流となっています。

モールドの流れ

ワイヤーボンディングが終わったら、**モールド**の工程に移ります。モールドとは、チップを外部からの衝撃や汚染から保護するため、樹脂などで封止することです。

モールドの工法は、**トランスファー方式**と**コンプレッション方式**の２つがあります。

トランスファー方式では、溶融した樹脂をプランジャーと呼ばれるピストンで加圧して金型に流し込み、硬化させることで封止します。この方式が現在は最も一般的になっています。

一方、コンプレッション方式では、あらかじめ金型に樹脂を設置しておいて溶融させ、チップを浸した後に硬化させて封止します。樹脂の使用効率がほぼ100％になるため、材料コストの低減につながるうえ、樹脂流動のリスクがないことから、ワイヤーへの影響を抑えて細線化することも可能になります。

刻印をして完成

モールド後は、まずリードフレームを切断します。

そしてパッケージに入れて実装できるようにリード加工、リードメッキをして整形。最後は必要に応じてマーキング、すなわち**刻印**をしたら、後工程の組付けのプロセスは終了です。

チップのパッケージング

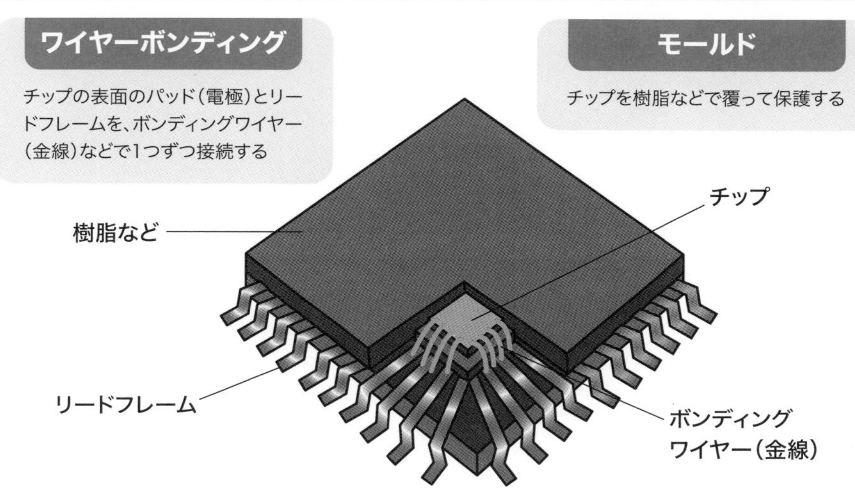

2つのモールド工法

トランスファー方式

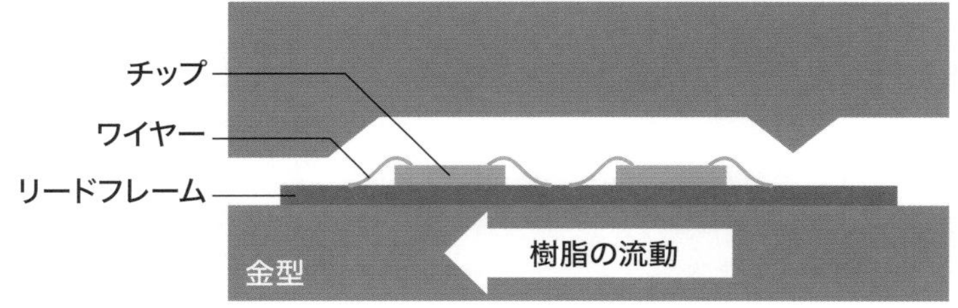

溶融した樹脂をピストンで加圧して金型に流し込み、硬化させることで封止する

コンプレッション方式

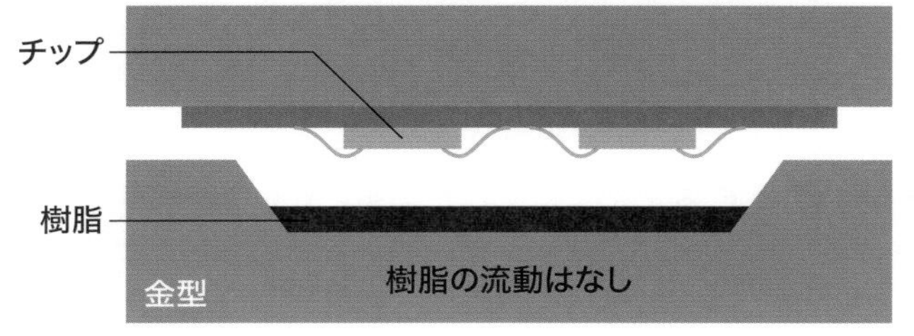

金型に樹脂を設置しておいて溶融させ、チップを浸した後に硬化させて封止する

後工程（検査）～最終検査

後工程の最後も検査。合格したものが出荷され、スマートフォンやパソコンに組み込まれていきます。

後工程の最終工程

後工程が進むにつれて、チップはパッケージ化された状態になっていきます。黒い塊から足が出ている半導体らしい姿です。この樹脂封止されてパッケージ化されたものを検査にかけます。それが済むと後工程は終了、半導体製造のすべての工程を終えることになります。

ここまでの製造工程中に行った検査を振り返ってみると、前工程ではウエハの状態で加工後のできばえをみる検査、異物や外観を調べる検査などが実施されてきました。前工程の最後にはテスタとウエハプローバという装置を使って**電気特性検査**が行われ、良否判別がなされました。

後工程でも前工程同様、都度都度、さまざまな検査が行われます。そして組付けが終わり、パッケージ化されたら、いよいよ**最終検査（ファイナルテスト）**が実施されます。

初期不良を事前に発見する

最終検査では、**テスタ**と**ハンドラ**という装置を使い、パッケージに覆われたチップの電気特性を調べます。この検査の結果、良品判定された製品が出荷されることになるので、出荷検査ともいえるでしょう。

どのような検査を行うのかというと、たとえば**バーンインテスト**が挙げられます。「バーンイン」という言葉から、何かを焼き付けるのかと思いきや、そうではありません。バーンインテストでは、パッケージ品に温度と電圧の負荷をかけ、故障の発生を加速させます。

本来、半導体デバイスの経年劣化は長い期間を掛けないと発見できません。しかし、バーンインテストで一定時間負荷をかけると、より短い時間で経年劣化を予測することができます。その性質を利用し、デバイスの初期不良を事前に発見、除去するのです。

そのほか、温度や電圧、湿度、圧力を急激に変化させて電気的性能やパッケージの品質をチェックする**信頼性テスト**などもあります。

最終検査に合格したデバイスは出荷されます。そして家電やスマートフォン、パソコン、自動車などの最終製品に組み込まれていくのです。

半導体製造で行われる検査

前工程

この工程での検査では、ウエハの良否を判定し、その後の対処法を決める

●**ウエハ検査**…加工後のできばえをみたり、異物や外観を調べたりする
●**ウエハ電気特性検査**…ウエハ上のチップの電気特性を1つずつ調べる

後工程

この工程の検査では、パッケージ化された状態のチップを検査し、良否を判別する

●**最終検査**…バーンインテストや信頼性テストなどを行い、最後のチェックをする

最終検査に合格したものが出荷され、家電やスマートフォン、パソコンなどに組み込まれる

バーンインテストで初期不良を発見する

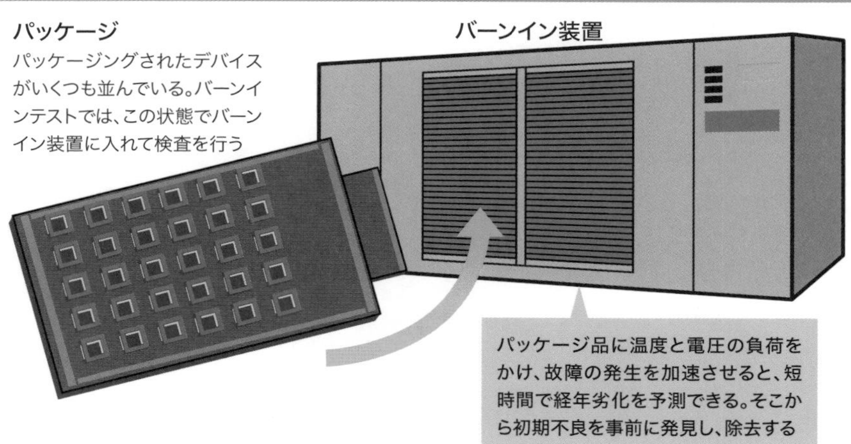

パッケージ
パッケージングされたデバイスがいくつも並んでいる。バーンインテストでは、この状態でバーンイン装置に入れて検査を行う
バーンイン装置
パッケージ品に温度と電圧の負荷をかけ、故障の発生を加速させると、短時間で経年劣化を予測できる。そこから初期不良を事前に発見し、除去する

Chapter

4

半導体業界を探る

本章では、半導体業界にスポットを当てます。
半導体市場の動向、半導体メーカー・
製造装置メーカー・材料メーカー・商社といった
企業の違いや仕事内容、さらに懐事情までを紹介します。

本章のメニュー

現在の半導体市場

世界経済は減速傾向にありますが、半導体市場はアジア・太平洋地域を中心に好調を維持しています。

およそ20年で約3倍に

新型コロナウイルス感染症のパンデミック、ロシアのウクライナ侵攻とそれにともなうエネルギー危機などにより、ここ数年の世界経済の成長率は減速傾向にあります。そうしたなかで、世界の半導体市場はおおむね好調を維持しています。

WSTS（世界半導体市場統計：World Semiconductor Trade Statistics）によると、2022年における世界の半導体市場規模は約5800億ドル（1ドル=150円とすると約87兆円）で、2000年の約3倍に増加。年平均成長率もおよそ5%と、世界のGDP成長率の2.3%より高い数値を記録しており、半導体市場が順調に伸びていることがわかります。

ただし、世界各地で平均して市場規模が拡大しているわけではなく、地域的な偏りがあります。

世界の半導体市場（売上高）の推移

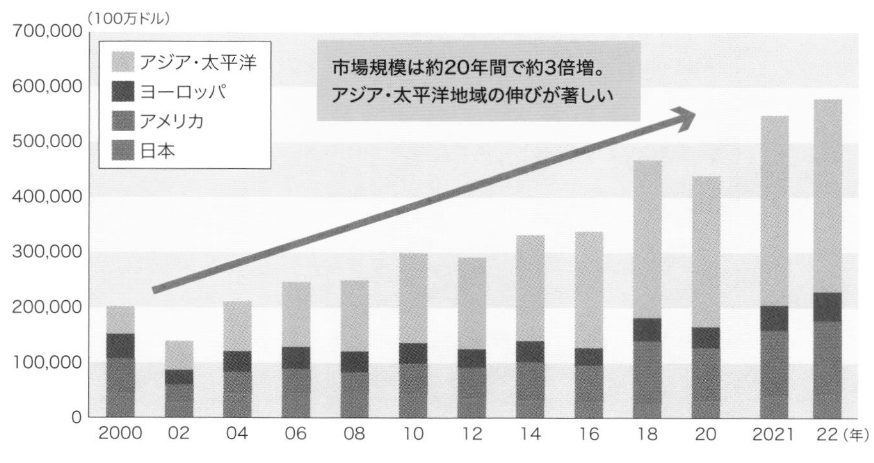

出所：WSTS

アジア・太平洋地域が中心地

半導体市場の地域別のシェアを本社の所在地別にみると、2021 年時点での首位は 54%のシェアを占める**アメリカ**です。実際、アメリカにはインテルや AMD、エヌビディア、クアルコムといった世界的な半導体メーカーが多数存在しています。

アメリカに次ぐ 22%のシェアを握っているのが**韓国**で、DRAM とフラッシュメモリで世界一のサムスン電子や SK ハイニックスなどが牽引しています。その次に躍進著しい TSMC を擁して 9%のシェアを占める**台湾**が続き、その次に 6%の**ヨーロッパ**と**日本**、4%の**中国**が続きます。

日本は 1990 年までは世界のほぼ過半のシェアを握っていましたが、90 年代以降は右肩下がりとなって業界の主役の座を失ってしまいました。

一方、半導体工場がある地域別にみると、2021 年時点ではシェア 23%の韓国が世界一となり、21%の台湾、16%の中国、15%の日本、11%のアメリカと続きます。本社所在地別で過半を占めるアメリカが工場所在地別では 1 割程度ということは、他地域での外注に多くを頼っていることを示しています。実際、アメリカのメーカーは台湾での生産が多くなっています。

こうしてみると、大きく成長している半導体市場はアジア・太平洋地域だとわかるでしょう。アメリカ、韓国、台湾、中国、日本などを中心に市場規模を拡大しているのです。

地域別の半導体市場シェア

半導体企業の本社所在地別のシェア

世界的な半導体メーカーが多いアメリカがダントツの1位。韓国や台湾が後に続く。日本は90年代以降、右肩下がり

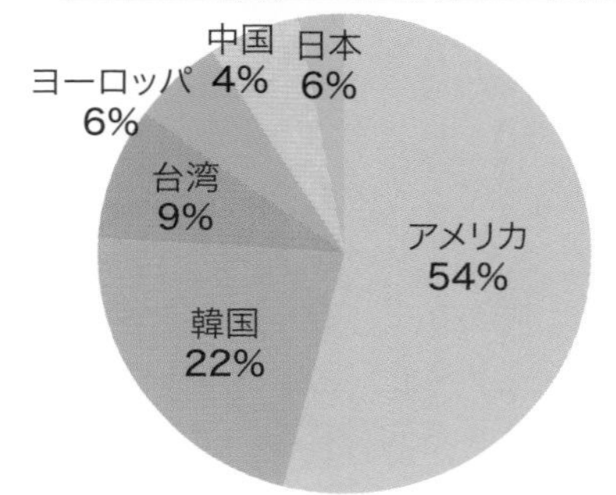

出所：IC Insights

半導体工場がある地域別のシェア

韓国を筆頭に中国、台湾、日本と続く。本社所在地別でトップのアメリカは外注が多いため、このランキングは低くなる

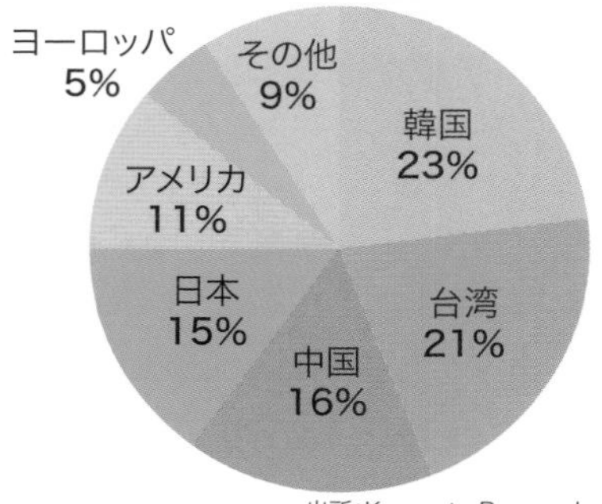

出所：Knometa Research

半導体市場の行方

自動車、AI、IoT……今後も半導体の需要は衰えず、2030年には100兆円市場に膨れ上がると予想されています。

2030年には100兆円市場に

世界の半導体市場は好調を維持していますが、世界経済の悪化、それにともなう消費者需要の低迷により、2023年には減速すると予測されています。しかし中長期的にみると、今後さらなる成長が見込まれています。

SEMI（国際半導体製造装置材料協会：Semiconductor Equipment and Materials International）やドイツ電気・電子工業連盟は、半導体市場が2030年に1兆ドル（約150兆円）規模に達すると推測。日本の経済産業省も、2021年3月に発表した半導体戦略において、2030年に100兆円市場になると予測しています。根拠は、半導体需要の高まりです。

半導体需要が高まる分野とは？

半導体に対するニーズが高まりそうな分野としては、**自動車**、**AI**（人工知能）、**IoT**（モノのインターネット）などが挙げられます。

自動車分野では、**パワー半導体**（P166～）の需要が上昇します。電動化の進展にともない、より高効率化した半導体が必要となり、シリコン以外の新しい材料を使ったパワー半導体の開発・実用化が求められています。

また、**自動運転**に関しては5段階のレベルが設定されており、現在は一部でレベル3（条件付きの自動運転）に達しています。今後、レベル4（特定条件下での完全自動運転）、さらにレベル5（完全自動運転）に達するためには、自車と周囲の環境をリアルタイムで収集するためのセンサ類、最適な判断を下すための非常に高機能な**ロジック半導体**が必要になってきます。

AI分野では、機械学習におけるディープラーニングと呼ばれる技術が生み出され、急速な進歩を遂げています。さらなる進化のためには高性能かつ低消費電力の半導体が求められ、半導体企業だけではなく大手ITなどのビックテック企業がAI専用の半導体を自社開発しています。

IoT分野では、家電製品や自動車、ドア、照明など、あらゆるモノがインターネットを介してつながる環境において、それらに搭載される半導体の需要が高まっています。

2030年までの国内半導体市場の予測

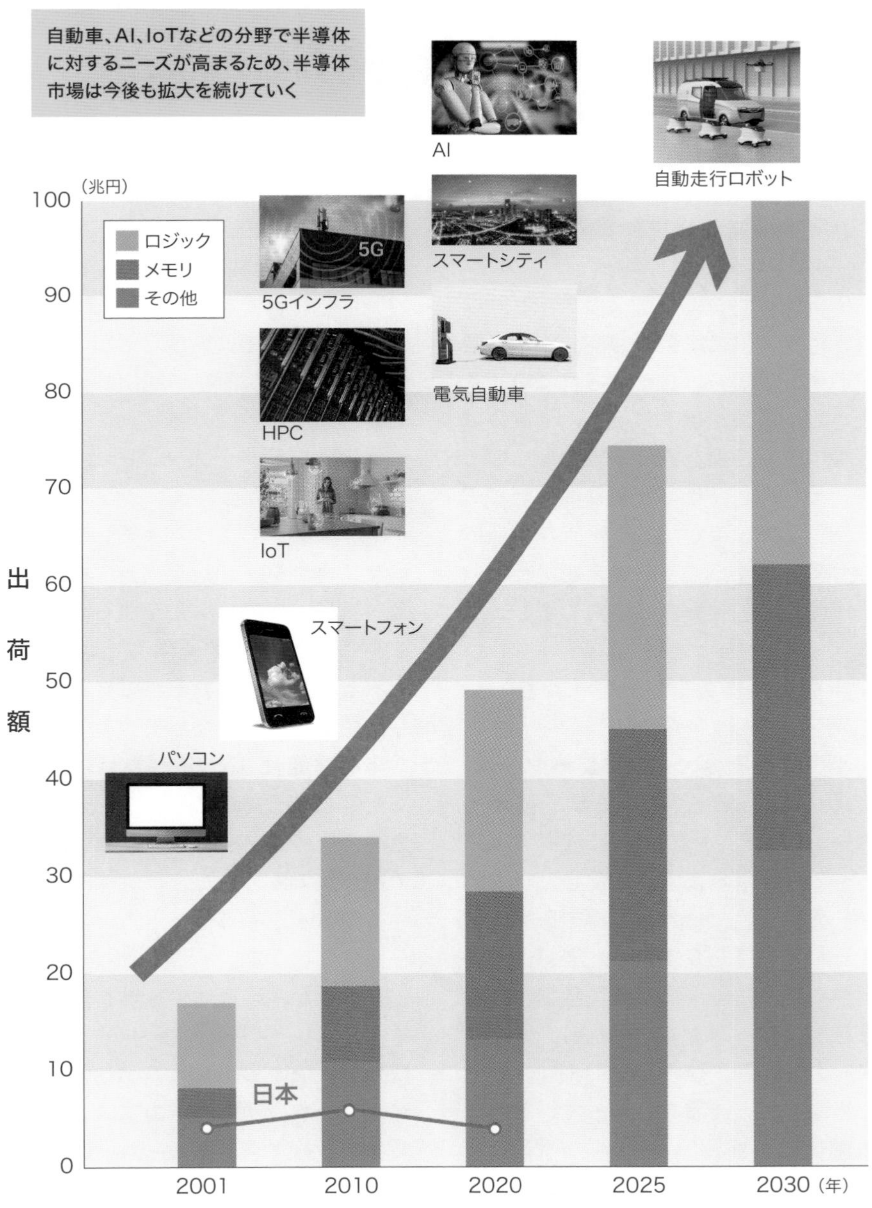

※2020年以降は予測値。出所:経済産業省

半導体業界の全体像

半導体業界にはさまざまなプレーヤーがいて、各々がそれぞれの役割を担っています。

広くて複雑な半導体業界

半導体はかつて「産業の米」と呼ばれ、近年では「産業の頭脳」とか「産業のインフラ」などと称されています。そうした言葉が示すように、半導体は産業の中核を担う極めて重要なものです。それゆえ、半導体業界は裾野が広く、多くの企業が関わる複雑な構造になっています。ここではまず、そんな半導体業界の全体像を紹介しましょう。

半導体業界のプレーヤーたち

半導体業界のメインプレーヤーは、半導体を実際に製造する**半導体メーカー**（P138～）です。デバイスメーカーとも呼ばれます。ただし、半導体メーカーだけで一から十までを完遂できるわけではありません。半導体を製造するためには半導体製造装置、材料、部品などが不可欠で、それらをつくるメーカーが別に存在しています。

半導体製造装置をつくっているのが**半導体製造装置メーカー**（P148～）です。前章で説明したように、半導体の製造工程は長いうえに多岐にわたります。そのため、数百～数千種類もある半導体製造装置全般を取り扱うメーカーは限られており、洗浄、成膜、フォトリソグラフィといった個別の技術に特化した製造装置を専門につくっているメーカーが多いのです。

半導体材料メーカー（P154～）は、半導体の材料として使うシリコンウエハやフォトリソグラフィに必要なフォトマスクやフォトレジスト、さらにガス、薬品、超純水などをつくっています。この分野も半導体製造装置メーカーと同じく、それぞれの材料に特化した企業が多数存在します。

半導体商社（P156～）は、完成した半導体を電機メーカーや機械メーカー、自動車メーカーなどに販売するのが仕事です。また、半導体製造装置や材料などを半導体メーカーに売ったりもしています。

そのほか、半導体の設計を自動化するツールを開発・提供する**EDA（Electronic Design Automation）ベンダー**や、回路機能のブロックを設計資産として半導体メーカーに提供する**IP（Intellectual Property）ベンダー**などもあります。

半導体業界の主なプレーヤー

●半導体メーカー

半導体業界のメインプレーヤー。IDMと呼ばれる垂直統合型のメーカーは設計・開発から製造、販売までを自社ですべて行う。一方、水平分業型のメーカーは自社製造とともに外部委託で製品をつくる

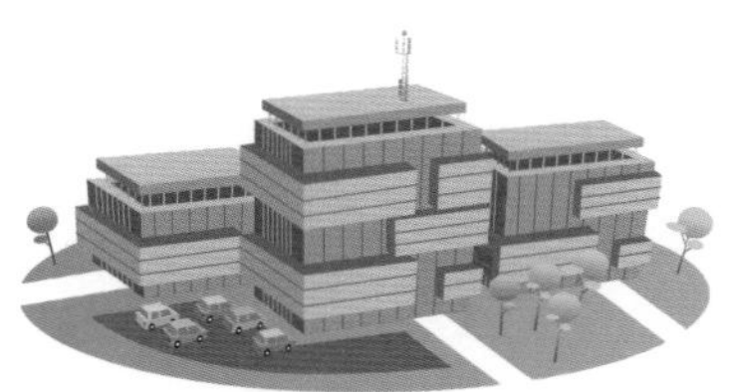

半導体の製造工程

①企画・マーケティング

②開発・設計

③ウエハ製造
- 洗浄　・成膜
- フォトリソグラフィ　・エッチング
- 不純物拡散　・平坦化　・ウエハ検査

④組付け・検査
- ダイシング　・ダイボンディング
- ワイヤボンディング　・モールド
- 検査

⑤販売・サービス

●半導体製造装置メーカー

半導体を製造するための装置をつくるメーカー。③④の各工程に必要な装置をつくって供給する

●半導体材料メーカー

半導体の材料として使用するものをつくるメーカー。③の各工程に必要なシリコンウエハやフォトリソグラフィなど、④の各工程に必要なセラミックパッケージなどをつくって供給する

●半導体商社

半導体製造メーカーがつくった半導体製品を、半導体を必要としている顧客に販売する

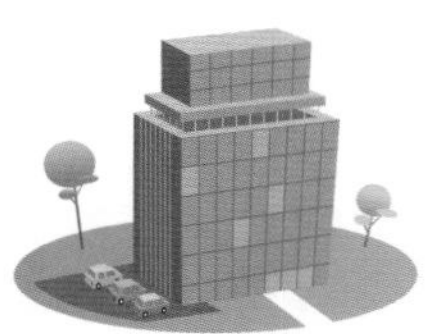

●顧客

自動車メーカー、電機メーカー、機械メーカーなどが半導体商社の顧客となる

半導体メーカー～IDM

半導体メーカーは垂直統合型(IDM)と水平分業型に分かれます。ここではIDMについて紹介します。

半導体メーカーの2タイプ

半導体業界のメインプレーヤーである**半導体メーカー**は、**IDM(Integrated Device Manufacture)**（インテグレイテッド デバイス マニュファクチャー）と呼ばれる**垂直統合型**と**水平分業型**に大別されます。IDMは企画・マーケティングから製造、販売までの各工程を自社ですべて行います。一方、水平分業型は各工程を複数のメーカーで分業する事業形態で、後述するファブレス、ファウンドリ、OSATなどの企業がこのタイプに属しています。

半導体製造は、垂直統合型をコアに発展してきました。黎明期には半導体メーカーが自社で半導体製造装置や半導体材料までつくっていましたが、のちに半導体製造装置や半導体材料の製造については専門のメーカーが担うようになっていきました。そして専業化・分業化の波が広がると、水平分業型(P140～)が増えたという流れです。

垂直統合型と水平分業型

垂直統合型(IDM)

企画・マーケティング
開発・設計
デバイス製造
組付け・検査
販売・サービス

- 企画・マーケティングから製造、販売までを自社ですべて行う
- IDMをコアにして、半導体製造は発展してきた

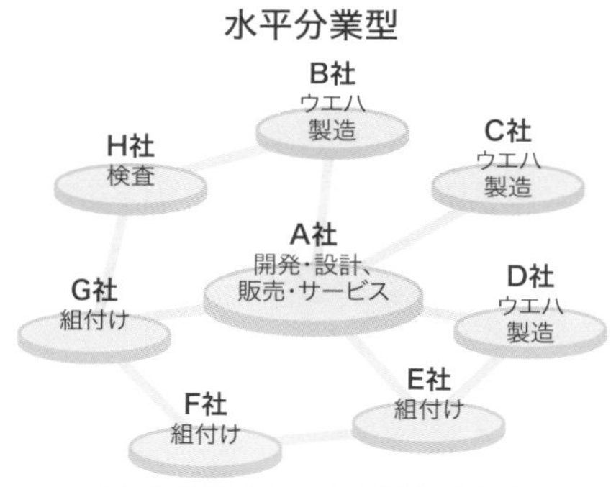

- 半導体製造の各工程を複数のメーカーで分業する
- 近年の半導体製造は、水平分業型が増えてきている

IDMの強みとは？

IDMの強みとしては、設計、製造のノウハウや特許などの知的財産を自社で保護できる点があげられます。また、特定のニーズを満たす製品技術や特殊な技術を必要とする開発ができることもメリットです。

その反面、工場や半導体製造装置への設備投資、維持運用に大きな費用がかかる点がデメリットになります。近年では先端プロセス工場を建設するのに数千億〜1兆円単位の費用がかかるうえ、工場内のクリーンルームや設備稼働を維持するのに大量の電力や水が必要になります。そのため、自社の工場は維持しつつも、一部を外部委託するIDM企業も少なくありません。

IDM企業のなかでは、**インテル**（アメリカ）や**サムスン電子**（韓国）、**キオクシア**（日本、元東芝）などが広く知られています。とくに「インテル入ってる」のCMでおなじみのCPUメーカーのインテルは、1990年代から長年にわたり半導体の売上高で世界トップクラスをひた走っています。

そのインテルと売高上で競っているのがサムスン電子で、近年ではインテルを上回ることもあります。同じ韓国勢の**SKハイニックス**、さらに**マイクロンテクノロジー**（アメリカ）、**ウエスタンデジタル**（アメリカ）、キオクシアはDRAMやフラッシュメモリなどのメモリ製品を主力製品としています。**ソニー**（日本）は、イメージセンサで世界一のシェアを誇ります。

IDMのメリット・デメリット

IDMの代表的企業 インテル（アメリカ）、サムスン電子（韓国）、キオクシア（日本）など

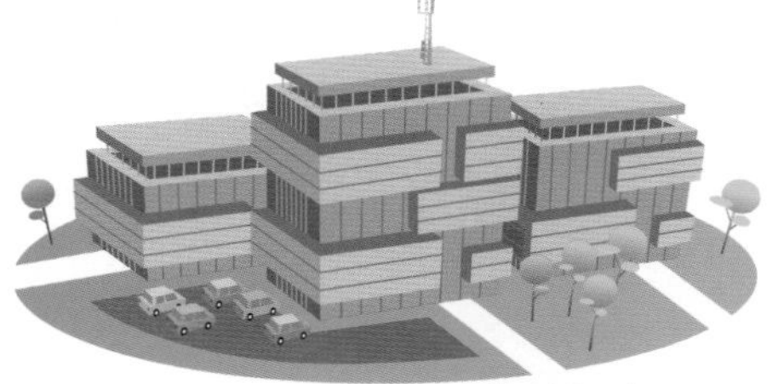

メリット

- 設計、製造のノウハウや特許などの知的財産を自社で保護できる
- 特定のニーズを満たす製品技術や特殊な技術を必要とする開発ができる

デメリット

- 工場や半導体製造装置への設備投資、維持運用に大きな費用がかかる。そのため、自社の工場を維持しながら、一部を外部委託する企業もある

半導体メーカー～ファブレス

ファブレスは半導体の企画・マーケティング、開発・設計、販売に特化した工場をもたない企業です。

工場をもたない事業形態

水平分業型の半導メーカーのひとつに、**ファブレス**と呼ばれる企業があります。ファブレスとは、自社の工場（Fabrication（ファブリケーション） facility（ファシリティ））をもたない（less（レス））企業という意味です。

ファブレス企業は、自社で商品企画・マーケティングと開発・設計、そして販売だけを行います。この事業形態の場合、工場などへの設備投資や維持管理費が少なくてすむため、資金力の乏しいスタートアップ企業であっても、アイデアさえあれば比較的容易に参入することができます。また、需要に応じて生産量を調整しやすい点、スピード感をもった経営を行うことができる点なども強みといえます。

ファブレスが企画・設計を行った後は、**ファウンドリ**と呼ばれる企業が製造（前工程）を、OSAT（オーサット）と呼ばれる企業が組付けと検査（後工程）を請け

ファブレスのメリット・デメリット

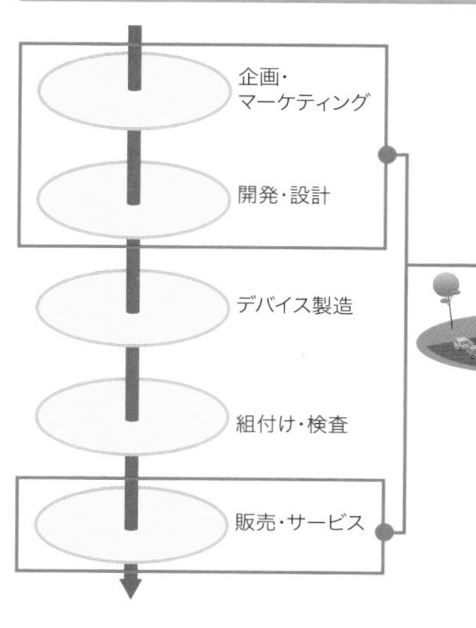

メリット

- 工場や機械などへの設備投資、維持管理費があまりかからない
- 生産量の調整がしやすく、スピード感のある経営を行うことができる

デメリット

- 先端プロセスを使用可能なファウンドリ企業は限られるため、生産委託する数量によっては、ファウンドリ企業に主導権を握られ、コストや納期などの面で不利になる

負います（P142～）。ただし先端プロセスを使用可能なファウンドリ企業は限られるため、生産委託する数量によっては、コストや納期などの主導権をファウンドリ企業に握られてしまうことがあります。それがファブレス企業の弱みです。

アップルもファブレス企業

ファブレス企業の代表例としては、画像処理専用プロセッサであるGPUのトップ企業**エヌビディア**、インテルに次ぐCPUメーカーである**AMD**、通信用半導体を扱う**クアルコム**、**ブロードコム**などのアメリカ企業が挙げられます。この分野はアメリカ勢が非常に強いです。ファーウェイ傘下の**ハイシリコン**（中国）、**ソシオネクスト**（日本）、**メガチップス**（日本）、**ザインエレクトロニクス**（日本）といったアジア勢も健闘していますが、売上高や企業数は見劣りします。

こうした企業に加えて、**GAFA**（ガーファ）と呼ばれるビックテック（圧倒的な支配力をもつ巨大IT企業）もファブレス企業とみなすことができます。自社の製品やサービスをより高機能にするため、半導体を自ら開発・設計しているからです。たとえば**アップル**では、iPhoneやMacBookに搭載されているプロセッサを自社で開発・設計しています。**グーグル**や**アマゾン**、**メタ**（旧フェイスブック）も自社のデータセンター向けにAI半導体を開発・設計しています。

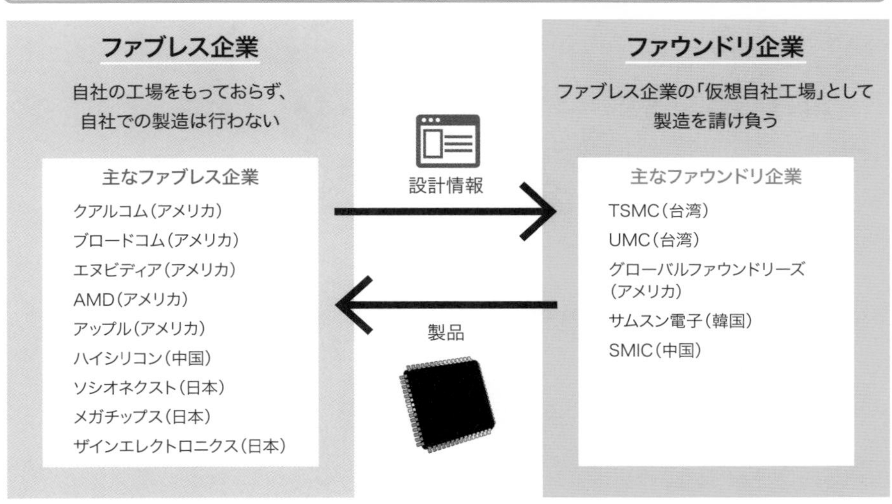

半導体メーカー ～ファウンドリ・OSAT

ファウンドリは半導体製造の前工程を専門とし、OSATは後工程を専門とする半導体メーカーです。

ファブレス企業から受託する

ファブレス企業と同じ水平分業型の半導体メーカーとして、**ファウンドリ**と**OSAT**（オーサット）の２タイプがあります。

ファウンドリは、半導体製造の前工程の作業を専門に行います。基本的に自社ブランドでの製造は行わず、ファブレス企業が設計したデータに基づいて製造作業を進めます。ただし、韓国のサムスン電子のように自社ブランドでの製造を行いながら、ファウンドリ事業を手がける企業も存在します。

ファウンドリ企業は顧客となるファブレス企業などから委託を受けることにより、安定した生産量を確保できます。また製造に特化しているため、生産技術と生産設備に投資を集中できるメリットもあります。しかし、膨大な投資が必要になる先端プロセスの開発・設備を手がけるのは難しく、最先端プロセスでの製造が可能なのは、世

ファウンドリとOSATの違い

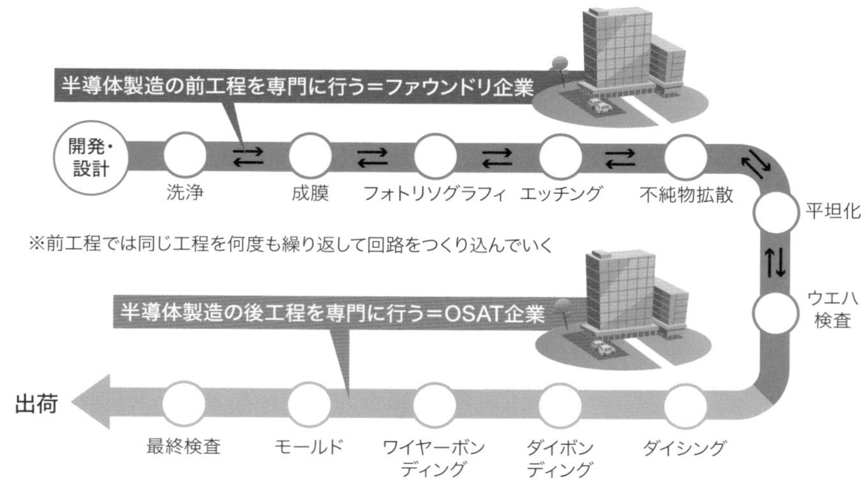

界でもサムスン電子と台湾のTSMCくらいしかありません。

一方、OSATとはOutsourced（アウトソースド） Semiconductor（セミコンダクター） Assembly（アッセンブリー） Test（テスト）の略で、半導体製造の後工程であるダイシング、モールドなどの組付けと製品検査を専門に行います。

世界シェアの過半を握るTSMC

最も有名なファウンドリ企業は**TSMC**でしょう。前工程の受託生産市場において、世界シェアの過半を占める最大のファウンドリ企業です。

サムスン電子も極めて大きな存在感を放っています。サムスン電子はIDMですが、ファウンドリ事業も行っており、TSMCに次ぐシェアをもっています。ほかに元AMDとIBMの製造部門が分離独立した**グローバルファウンドリーズ**（アメリカ）や**UMC**（台湾）、**SMIC**（中国）などもあります。

日本企業では東芝グループの**ジャパンセミコンダクター**、旧オンセミ新潟工場を取得した**JSファンダリ**が知られているほか、小規模なファウンドリ事業を手がける企業が複数あります。

OSAT企業としては、後工程の受託事業で世界のトップシェアを誇る**ASE**（台湾）が挙げられます。それに続くのが**アムコア**（アメリカ）や**JCET**（中国）といった企業です。

日本企業では**ジェイデバイス**がありましたが、現在はアムコアの完全子会社になっています。

世界の主なファウンドリ企業とOSAT企業

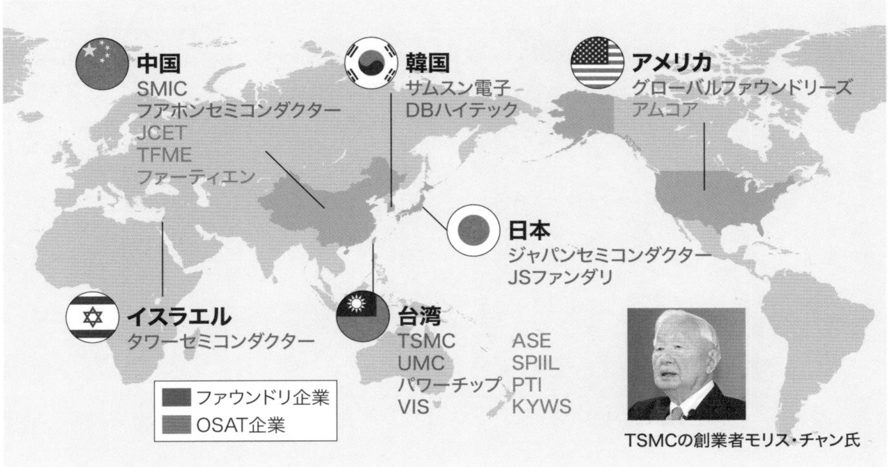

TSMCの創業者モリス・チャン氏

半導体メーカー
～世界各国の有力企業

半導体メーカーの売上上位には、アメリカや日本以外のアジアの企業が多くランクされています。

ランキング1位と2位はアジア勢

半導体業界のメインプレーヤーである半導体メーカーは、世界各地に多様な事業形態で存在しています。では、半導体メーカーごとの売上はどうなっているのでしょうか。

2022年の売上ランキング上位10社をみると、トップがTSMC（台湾）、2位サムスン電子（韓国）、3位インテル（アメリカ）、4位SKハイニックス（韓国）、5位クアルコム（アメリカ）、6位マイクロン（アメリカ）、7位ブロードコム（アメリカ）、8位AMD（アメリカ）、9位テキサスインスツルメンツ（アメリカ）、10位メディアテック（台湾）となっています。

ファブレス、ファウンドリの健闘

1位の**TSMC**は台湾を代表する半導体メーカーです。1987年に**モリス・**

半導体メーカーの売上ランキング

順位	企業名	本社所在地	売上高（億ドル）
1	TSMC	台湾	758
2	サムスン電子	韓国	655
3	インテル	アメリカ	583
4	SKハイニックス	韓国	362
5	クアルコム	アメリカ	347
6	マイクロン	アメリカ	275
7	ブロードコム	アメリカ	238
8	AMD	アメリカ	232
9	テキサスインスツルメンツ	アメリカ	188
10	メディアテック	台湾	182

IDM　ファブレス　ファウンドリ

出所：ガードナー調査（2022年）

上位10社中6社をアメリカの企業が占めているが、トップ2にはアジアの企業が位置している

チャン氏が創業した当時からファウンドリ専業でやってきて、今や世界最大の専業半導体ファウンドリへと成長しました。アップル、クアルコム、AMDといった世界各地の有力企業から事業を委託され、半導体製品をつくっています。

2位の**サムスン電子**はフラッシュメモリやDRAMの世界最大手企業です。3位の**インテル**は1990年代から2010年代にかけて、長く半導体業界のトップをひた走ってきました。現在はその座を明け渡していますが、パソコン向けCPUなどでは変わらず大きなシェアを握っています。

4位の**SKハイニックス**と6位の**マイクロン**は主にフラッシュメモリやDRAMを手がけており、DRAM最大手のサムスン電子を追っています。

5位の**クアルコム**と7位の**ブロードコム**はともにファブレス企業で、主にスマホ向けの通信用半導体を設計しています。8位の**AMD**もファブレス企業。PCやサーバ向けのCPUなどを手がけ、CPU市場でインテルのシェアを徐々に奪ってきています。9位の**テキサスインスツルメンツ**はアナログ半導体の世界最大手。10位の**メディアテック**はスマホ向けの半導体を設計するファブレス企業です。

地域別で見ると、上位10社中6社をアメリカ勢が占め、トップ2にはアジア勢が入りました。日本勢は1社も入っていません。ファブレス企業やファウンドリ企業が目立っている点も注目されるところです。

半導体メーカーの成長率

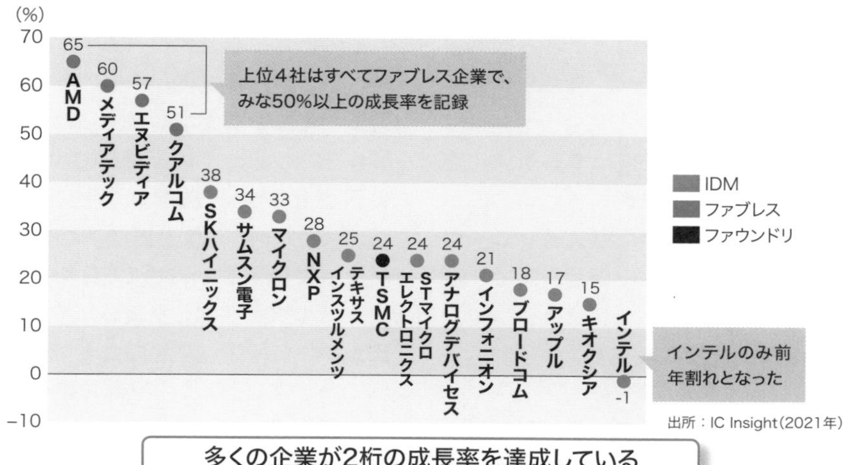

多くの企業が2桁の成長率を達成している

半導体メーカー
～日本の有力企業

苦戦が続く日本の半導体メーカーのなかにも、業績を伸ばしている企業もあります。

キオクシアが国内トップメーカー

近年の半導体メーカー売上ランキングでは、アメリカや東アジアの企業が上位を席巻しています。日本勢は全体的に苦戦していますが、国内メーカーのなかにも注目すべき企業があります。たとえば、2021年の国内売上ランキングトップ（2022年の世界売上ランキング17位）の**キオクシア**です。

キオクシアは2019年に東芝のメモリ事業から分離した企業で、データを記憶する**フラッシュメモリ**の製造を事業の中核としています。三重県にある主力の四日市工場のほか、岩手県に北上工場を新設するなど、さらなる躍進を狙っていましたが、スマートフォン向けの受注減少などにより、2022年度から業績悪化が続いています。そのキオクシアと上位を争っているのが、**ルネサスエレクトロニクス**と**ソニーセミコンダクタソリューションズ**です。

ルネサスとソニーも概ね好調

ルネサスエレクトロニクスは2021年の国内売上ランキングで2位。2000年代に日立製作所と三菱電機のパワー半導体事業を除いた半導体部門が統合した後、NECの半導体部門も統合してできました。東日本大震災の際、主力である茨城県の那珂工場が大きな被害を受けましたが、経済産業省やトヨタ自動車グループなどの支援により、約半年で驚異的な復旧を成し遂げました。近年は海外メーカーの買収を進め、業績を向上させています。

同3位のソニーセミコンダクタソリューションズは、**イメージセンサ**を主に製造しています。九州を中心に製造拠点をもっており、熊本工場の隣にはTSMCの工場が建設されています。

そのほか、4位の**ローム**、5位の**東芝**、7位の**三菱電機**、8位の**サンケン電気**、9位の**富士電機**は主に**パワー半導体**を取り扱っている企業です。6位の**日亜化学**は徳島県に本社を置き、LEDやレーザーなど光関係の半導体を扱っています。**青色LED**の開発でノーベル物理学賞を受賞した**中村修二氏**がかつて所属していたことでも知られています。10位の**ソシオネクスト**は、富士通とパナソニックのSoC事業を統合したファブレス企業です。

日本の半導体メーカー売上ランキング

※売上高の単位は億ドル

順位	企業名	2020年の売上高	2021年の売上高	前年比成長率
1	キオクシア	107.58	129.48	20.4%
2	ルネサスエレクトロニクス	67.12	99.35	48.0%
3	ソニーセミコンダクタソリューションズ	87.10	89.09	2.3%
4	ローム	26.79	32.66	21.9%
5	東芝	25.52	29.71	16.4%
6	日亜化学	20.99	23.39	6.7%
7	三菱電機	15.78	19.44	15.9%
8	サンケン電機	12.37	13.62	10.1%
9	富士電機	10.86	13.22	21.7%
10	ソシオネクスト	8.42	11.06	31.4%
	国内企業合計	435.00	518.04	19.1%

出所:Omedia

日本の半導体企業再編の流れ

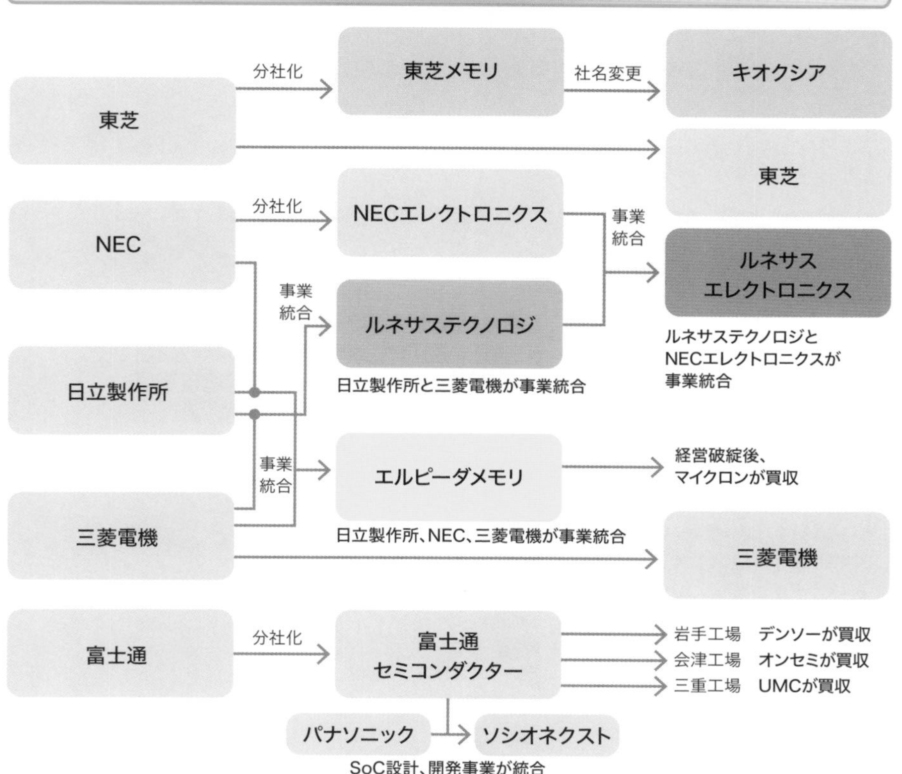

半導体製造装置メーカー～世界各国の有力企業①

半導体製造に使う装置をつくる半導体製造装置メーカーは、日本をはじめとするアジア勢が強い分野です。

一芸に秀でた企業が多い

半導体製造装置メーカーとは、文字どおり半導体を製造するために必要な装置をつくる企業です。したがってメインの顧客は実際に半導体製造を行う半導体メーカー、すなわちIDM企業をはじめ、前工程を担うファウンドリ企業や後工程を担うOSAT企業となります。

半導体製造装置メーカーの特徴としては、"一芸に秀でた企業"の多さが挙げられます。

半導体の製造工程全般で使用される装置をつくっているのは限られた大手企業だけで、それ以外の多くの企業は得意分野に絞って装置をつくっています。そのため、売上ランキングの上位に入らないような企業であっても、特定の技術をもっていて、ほかの企業ではつくれない装置をつくり、その分野で高いシェアを占めているというケー

半導体製造装置メーカーの売上ランキング

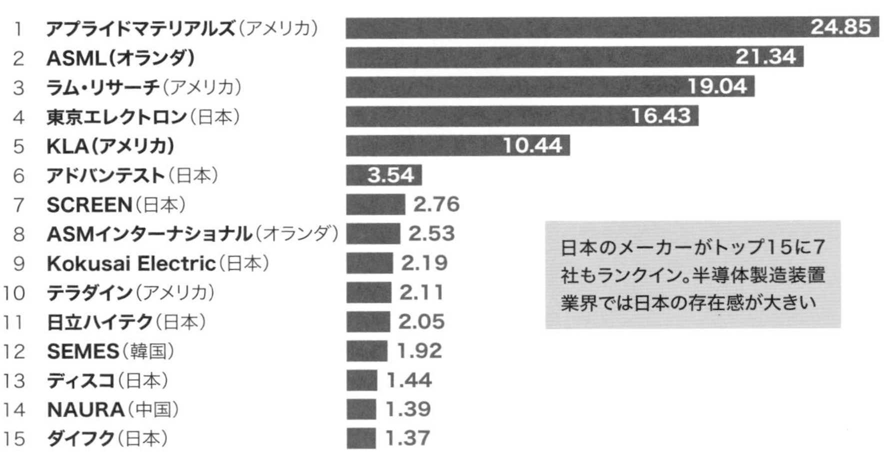

※単位は10億ドル。出所：TechInsights（2022年）

スが多々あります。そうした特定の装置のニーズが急増したりすると、本来は主導権をもつ半導体メーカー（発注者）と半導体製造装置メーカー（供給者）の立場が逆転し、値段や納期などについて、半導体製造装置メーカーのほうが優位に立つこともあります。

ちなみに、半導体製造装置メーカーが取り扱うのは微細な加工を行う精密機械です。非常に高額で、数億円から数十億円単位になるものがほとんどです。

日本を含めてアジア勢が強い

2022年の半導体製造装置メーカーの売上ランキングは、トップが**アプライドマテリアルズ**（アメリカ）、2位**ASML**（オランダ）、3位**ラム・リサーチ**（アメリカ）、4位**東京エレクトロン**（日本）、5位**KLA**（アメリカ）、6位**アドバンテスト**（日本）、7位**SCREEN**（日本）、8位**ASMインターナショナル**（オランダ）、9位**Kokusai Electric**（日本）、10位**テラダイン**（アメリカ）となっています。半導体メーカーのランキングでトップ10に1社も入らなかった日本企業が、半導体製造装置メーカーのランキングでは4社（15位以内にまで広げると7社）もランクインしています。

2020年における地域別の販売額のシェアを見ても、1位中国、2位台湾、3位韓国、4位日本となっており、この分野ではアジア勢の強さが際立っています。

半導体製造装置の地域別シェア

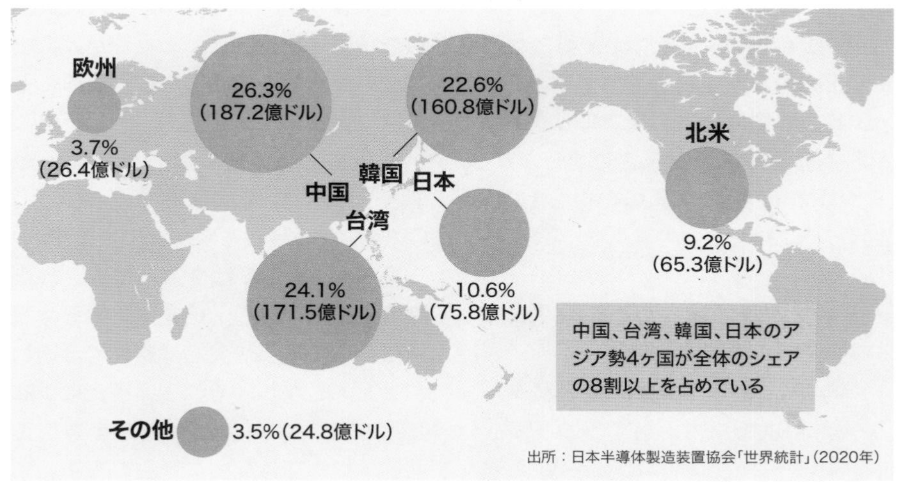

出所：日本半導体製造装置協会「世界統計」(2020年)

半導体製造装置メーカー～世界各国の有力企業②

半導体製造装置の総合メーカーAMAT、露光装置で圧倒的シェアを誇るASMLなどが代表格です。

AMATが世界市場を席巻

世界最大の半導体製造装置メーカーは、**アプライド・マテリアルズ（AMAT）**です。2022年の売上高は248億5,000万ドルに達し、世界売上ランキングで堂々の1位でした。

本社はアメリカ・カリフォルニア州サンタクララ（いわゆるシリコンバレー）にあり、1967年に創業されました。当初は化学品の供給を行っていましたが、やがて半導体製造装置事業に参入。現在は半導体プロセスのほぼすべてをカバーする半導体製造装置の総合メーカーへと成長し、CVD、スパッタ、CMPなど多くの分野で世界シェアのトップを占めています。

2013年には日本の東京エレクトロンとの経営統合が発表されましたが、アメリカ司法省の承認を得られず、2015年に中止となりました。

最も精密な機械をつくるASML

AMATに次ぐ半導体製造装置メーカーが**ASML**です。オランダ・フェルトホーフェンに本社を構えるASMLの売上高は213億4,000万ドルで、世界売上ランキングではAMATに次ぐ2位でした。

ASMLは微細加工のカギとなる**露光装置**で圧倒的なシェアを誇っています。その世界シェアは8割を超え、最先端プロセスに欠かせない**EUV露光装置**に至っては100％です。

EUV露光技術は波長13.5nmのEUV（Extreme UltraViolet（エクストリーム ウルトラバイオレット）：極端紫外線）で露光を行う技術です。7nmノード以下の露光の際には、光源や位置決めの精度、温度、真空度などを極めて高度に制御する必要があるため、EUV露光装置が欠かせません。「人類史上最も精密な機械」といわれるだけあって、1台あたりの価格が数百億円にものぼります

同3位のラム・リサーチはドライエッチング装置に強みをもつほか、CVDや洗浄装置も手がけています。

同5位のKLAはウエハ検査、計測装置を主に製造しています。半導体製造において異物や欠陥は避けては通れません。しかし、それらは不良につながるため、KLAなどが製造する検査装置はなくてはならないものです。

世界の代表的な半導体製造装置メーカー

アプライド・マテリアルズ(AMAT)

設立 1967年
本社 アメリカ・カリフォルニア州
代表者 G・デッカーソン
主要製品 多種多様。半導体製造プロセスにおける、ほぼすべての分野の製造装置をカバーしている

ASML

設立 1967年
本社 オランダ・フェルトホーフェン
代表者 P・ヴェニンク
主要製品 液浸露光装置、EUV露光装置など、フォトリソグラフィで用いる製造装置が強い

ラム・リサーチ

設立 1980年
本社 アメリカ・カリフォルニア州
代表者 T・アーチャー
主要製品 エッチングで用いるドライエッチング装置、成膜で用いるCVD装置などが強い

KLA

設立 1997年
本社 アメリカ・カリフォルニア州
代表者 R・ウォレス
主要製品 異物検査装置、欠陥検査装置、マスク検査装置など、ウエハ検査で用いる製造装置が強い

ASMLの露光技術

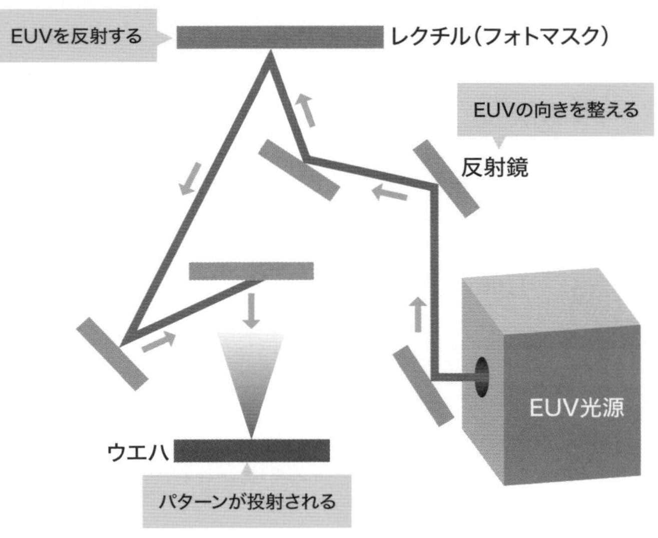

Chapter 4 半導体業界を探る

半導体製造装置メーカー～日本の有力企業

東京エレクトロン、アドバンスト、SCREEN……半導体製造装置市場では日本勢が健闘しています。

東京エレクトロンの存在感

日本の有力な半導体製造装置メーカーとしては、**東京エレクトロン（TEL）**が挙げられます。国内トップであるばかりか、世界でも４位に入るグローバルメーカーです。

創業は1963年。総合商社に勤めていた**久保徳雄**氏と**小高敏夫**氏が「半導体こそ産業界を変革する」という信念のもと、東京放送（現TBS）の出資を受けて起業します。最初はテスタなどの輸入販売を行っていましたが、のちに半導体製造装置の開発・製造に参入し、シェアを拡大していきました。そして現在では、フォトリソグラフィで使用される**コータ・ディベロッパ装置**で９割近いシェアを占めるほか、**ドライエッチング装置、成膜装置、洗浄装置**などでも強みを発揮しており、日本を代表する半導体製造装置メーカーとなっています。

日本の代表的な半導体製造装置メーカー

東京エレクトロン

設立：1963年
本社：東京都港区
代表者：河合利樹
主要製品：フォトリソグラフィで用いるコータ・ディベロッパ装置で9割近いシェアを占めている

アドバンテスト

設立：1954年
本社：東京都千代田区
代表者：吉田芳明
主要製品：電気特性検査を行うテスタ装置が強み。SoC方式の集積回路やメモリ向けのテスタについて、世界シェアの約5割を占める

SCREEN

設立：1943年
本社：京都府京都市
代表者：廣江敏朗
主要製品：洗浄装置が強み。バッチ式洗浄装置で世界シェアの6割近く、枚葉洗浄装置でも世界最大のシェアを誇る

ディスコ

設立：1940年
本社：東京都大田区
代表者：関家一馬
主要製品：チップを切り分けるダイシング装置、ウエハを薄く削るグランド装置、ウエハを磨くポリッシュ装置が強み

各分野でそれぞれの強みを発揮

東京エレクトロンに次ぐ国内の半導体製造装置メーカーが**アドバンテスト**。電気特性検査を行う**テスタ**を強みとする企業です。**SoC**（システム・オン・チップ）という方式の集積回路やメモリ向けのテスタについて世界シェアの5割近くを占め、アメリカのテラダインと市場を2分しています。

SCREENは複数枚のウエハを一度に洗浄する**バッチ式洗浄装置**で世界シェアの6割近くを占め、ウエハを1枚ずつ洗浄する枚葉洗浄装置でも世界最大のシェアを誇ります。

Kokusai Electricは元は日立グループの日立国際電気でしたが、2018年に半導体製造装置専業として独立。**成膜装置**や**熱処理炉**が強いです。

日立ハイテクは日立製作所のグループ企業で、**エッチング装置**や**計測、検査装置**の製造を得意としています。

ディスコはチップを切り分けるダイシング装置、ウエハを薄く削るグランド装置、そしてウエハを磨くポリッシュ装置を強みとする企業です。

そのほか、EUV光の**マスク検査装置**の**レーザテック**や**ウエハ搬送装置**の**ダイフク**や**村田機械**もあります。

また**キヤノン**は、かつて**ニコン**とともに**露光装置**の市場を席巻していました。現在の露光装置市場はASMLの独壇場となっていますが、旧世代の装置にもまだ需要があるため、生産を続けています。**ナノインプリント**と呼ばれる露光技術の開発も行っています。

東京エレクトロンの世界市場シェア

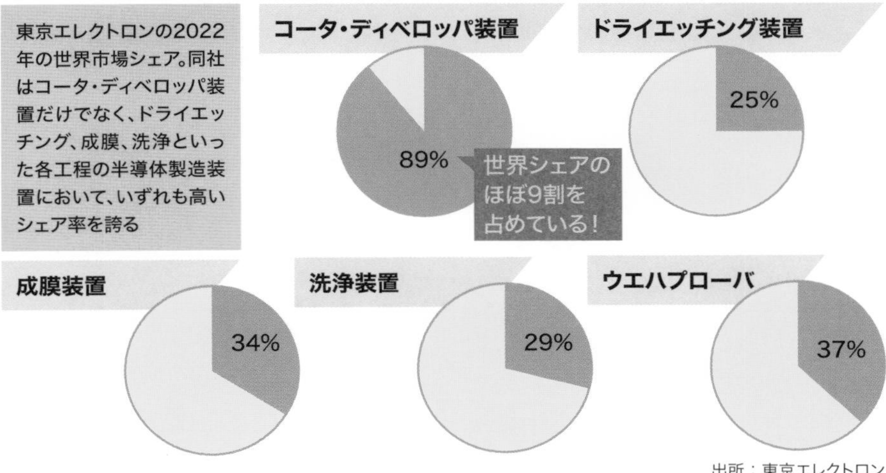
東京エレクトロンの2022年の世界市場シェア。同社はコータ・ディベロッパ装置だけでなく、ドライエッチング、成膜、洗浄といった各工程の半導体製造装置において、いずれも高いシェア率を誇る
コータ・ディベロッパ装置
89%
世界シェアのほぼ9割を占めている！
ドライエッチング装置
25%
成膜装置
34%
洗浄装置
29%
ウエハプローバ
37%

出所：東京エレクトロン

半導体材料メーカー

半導体製造装置と同じく、半導体材料でも日本のメーカーが大きな存在感を誇る分野です。

シリコンウエハは日本がリード

半導体はさまざまな材料を用いて製造されています。その材料をつくり、IDMやファウンドリといった半導体メーカーに販売しているのが**半導体材料メーカー**です。

最も代表的な半導体の材料といえば、やはり**シリコンウエハ**です。これを抜きにして半導体を製造することはできません。

前章で紹介したように、シリコンウエハは超高純度のシリコン単結晶基板です。イレブンナインを実現できるメーカーは世界でも限られていますが、2019年の市場調査では**信越化学工業**がシェア率29％、SUMCOが同22％と、日本勢が1位と2位にランクされています。その後、**グローバル・ウェーハズ**（台湾）、**シルトロニック**（ドイツ）、**SKシルトロン**（韓国）と続き、上位5社で市場をほぼ独占しています。

半導体の主な材料

前工程の材料の名称	解説	国内主要メーカー
シリコンウエハ	超高純度のシリコンでつくられたウエハ	信越化学工業、SUMCO、GW
フォトマスク	フォトリソグラフィの原板	凸版印刷、HOYA
フォトレジスト	フォトリングラフィで使う感光性樹脂	JSR、東京応化工業、信越化学工業
薬液	洗浄やウェットエッチングで使う薬品	森田化学、ステラケミファ
ガス	ドライエッチング使うガス	レゾナック、大陽日酸、ADEKA
スラリー	平坦化で使う研磨剤	富士フィルム、レゾナック、フジミ、キャボット、ダウ・ケミカル
スパッタターゲット	成膜で使う薄膜素材	JX金属
後工程の材料の名称	**解説**	**国内主要メーカー**
リードフレーム	チップを固定するための材料	三井ハイテック
モールド樹脂	チップを外気から遮断し、保護する材料	住友ベークライト
セラミックパッケージ	チップを覆って保護する材料	京セラ、イビデン
基板	チップを搭載する薄い板材	イビデン、新光電気工業

シリコンウエハに関しては、日本勢の強さが際立っています。

製造装置や材料ではまだ強い

フォトリソグラフィで使用する**フォトレジスト**も、日本のメーカーが多くのシェアを有する分野です。2019年の市場調査によると、**JSR**、**東京応化工業**、**信越化学工業**、**住友化学**、**富士フィルム**の国内メーカー5社が世界市場のおよそ9割を占めています。

CMP（P114〜）で用いる**スラリー**は平坦化する材料によって使い分けられており、日本の**富士フィルム**、**レゾナック**（旧昭和電工）、**フジミ**が優勢で、その3社とアメリカの**キャボット**などがシェアを分け合っています。

洗浄やウェットエッチングで使用する**過酸化水素水**、**アンモニア水**、**塩酸**、**硝酸**、**フッ酸**なども日本勢が強く、**三菱ガス化学**、**三菱ケミカル**、**関東化学**、**ステラケミファ**、**森田化学**などが多くのシェアを握っています。

CVDやドライエッチングで用いる**各種ガス**については、日本の**大陽日酸**、**三井化学**、**レゾナック**、**関東電化工業**などが強いです。

日本の半導体業界は2000年代以降、全体として苦戦続きでした。しかし、半導体製造装置メーカーや半導体材料メーカーは世界を相手にして堂々と渡り合っています。とくに半導体材料に関しては、日本の化学メーカーや専門メーカーが強みを発揮し、世界市場で多くのシェアを獲得しています。

半導体材料のシェア

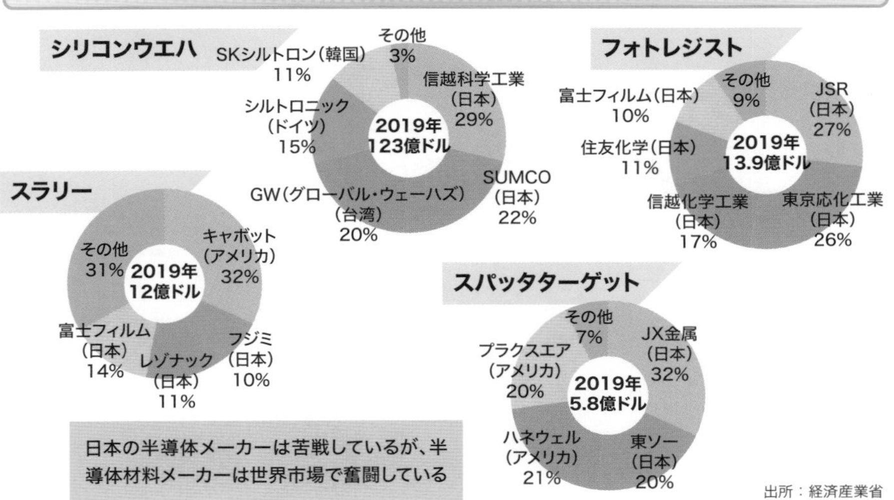

半導体商社

半導体商社は半導体製品の買い付け・販売がメインの仕事ですが、それ以外にも重要な役割を担っています。

半導体商社の役割とは？

半導体製品を専門に扱う商社を**半導体商社**といいます。半導体メーカーから製品を買い付けて顧客へ販売する、すなわち半導体の卸売を行う企業のことです。ただし、半導体商社は半導体製品を右から左に流しているだけではありません。顧客の負担を軽減することも重要な役割のひとつです。

たとえば、電機製品や自動車にはさまざまな半導体が数多く搭載されており、商社を介さず自社だけで調達しようとすると、メーカーごとに買い付けしなければならなくなります。半導体製品の数量や納期の管理についても、自社ですべて行うのは容易ではありません。そうした顧客の業務負担を、商社が肩代わりして軽減するのです。

さらに、半導体商社は高度化・複雑化する半導体製造のサポートやカスタマイズを担うこともあります。そのた

半導体商社の役割

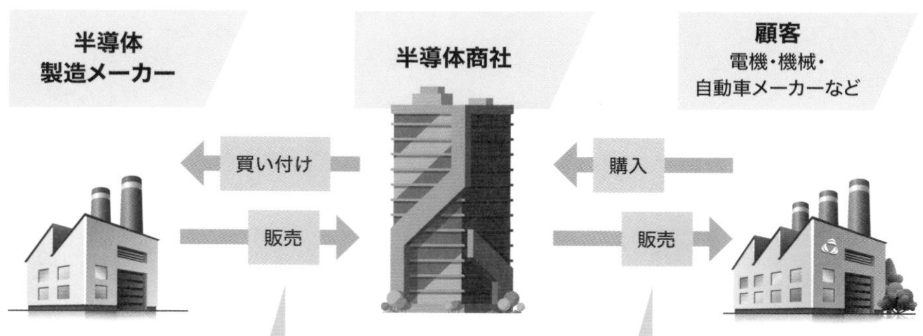

半導体
製造メーカー
半導体商社
顧客
電機・機械・
自動車メーカーなど
買い付け
販売
購入
販売
・半導体メーカーから半導体製品を買い付ける
・買い付けた半導体製品の数量や納期を管理する
・半導体メーカーから買い付けた半導体製品を顧客へ販売する
・顧客のリクエストに応じて、半導体製品のサポートやカスタマイズを行う

め半導体商社のスタッフには、メーカーと同等の知識や技術力が求められます。技術的なニーズに対応できるよう、テクニカルスタッフを抱えている会社も少なくありません。

業界再編が進んでいる

近年、日本の半導体業界では半導体商社の合併や統合が進んでいますが、現在上場している企業だけでも30社以上を数えます。そのなかで最大手が**マクニカ・富士エレホールディングス**です。同社は2015年にマクニカと富士エレクトロニクスが経営統合して誕生しました。2021年の売上高は国内トップの約5500億円にのぼります。

マクニカ・富士エレホールディングスに続く2位は、約4200億円の売上高を誇る**加賀電子**。1968年に電子部品商社としてスタートしてエレクトロニクス総合商社に成長し、現在は海外展開も積極的に行っています。

3位は売上高約3200億円の**レスターホールディングス**。2019年にUKCホールディングスとバイテックホールディングスが合併してできた企業です。4位以降は**トーメンデバイス**、丸文と続きます。

ここまで紹介した上位5社はすべて**独立系商社**。**メーカー系列系**、**外資系**の商社もありますが、国内の半導体商社を牽引しているのは独立系商社です。今後、合併や統合が加速すると予想されるなか、この状況がどのように変化するのかが注目されるところです。

半導体商社の種類

半導体商社

メーカー系列系商社

特定の半導体メーカーの製品をメインとして扱う。近年は国内半導体メーカーの衰退、再編によって減っている

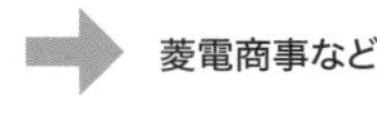

外資系商社

海外の大手半導体商社の日本法人などがある。

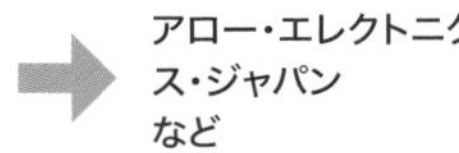

独立系商社

半導体メーカーに依存せず、顧客が求める半導体製品を販売する。この形態が現在の主流となっている

マクニカ・加賀電子・富士エレホールディングスなど

最近の国内売上ランキングでは上位5社を独立系商社が占めている

半導体業界の仕事①
技術系の業務

半導体メーカーでは業務が細分化されており、それぞれが連携してデバイスや技術の開発にあたっています。

技術系と管理系の業務がある

半導体業界には半導体メーカー、半導体製造装置メーカー、半導体材料メーカーなどが存在し、各メーカーの業務は**技術系の業務**と**管理系の業務**の２つに分けることができます。前者は研究開発や設計、生産といった業務、後者は人事、総務、財務、経理、法務、知財、資材調達といった企業経営に欠かせない業務です。

ここでは半導体メーカーを中心に、技術系業務の内容をみていきます。

半導体メーカーの技術系業務は、半導体製造の業務フローに沿って、回路設計、デバイス・プロセス開発、量産、品質保証に大きく分かれます。業務ごとに職種が異なり、半導体デバイスを開発するデバイスエンジニア、デバイスの改善・品質向上に努めるプロセスエンジニアなどが部門ごとに連携して半導体製造を進めていきます。

回路設計業務

半導体の**回路設計業務**では、設計エンジニアがEDAという設計ツールを使いて半導体の回路設計を行います。

第一段階の仕様設計では、どのような性能の半導体をつくるかを決めます。自社で一から設計するケースと、顧客から具体的な要望を受けて設計するケースがありますが、いずれのケースでも**設計エンジニア**が作業工程を進めていきます。

また、半導体が完成した後に実施する電気特性検査のプログラムを作成するのも設計エンジニアの業務です。

なお、顧客のニーズを聞き出すのは営業の仕事です。営業は顧客の抱える問題をリサーチし、それをどのように解決するかを提案して顧客の要望をまとめ、設計エンジニアに伝えます。

デバイス開発業務

デバイス開発業務は、**デバイスエンジニア**が担当します。

新規デバイスの企画構想や構造設計を行い、そのデバイスが顧客の所望する特性を得られているか、製造が可能かなどをシミュレーションによって確認します。必要に応じて、デバイス構造やシミュレーション技術自体を開発することもあります。

そして、デバイスエンジニアとプロセスエンジニアが協力し、新規デバイスを実現するための工程を設計します。実際に試作してみて、デバイス構造や電気特性、信頼性などを評価。顧客が求める特性などが得られなかった場合は、デバイスを解析して原因を調査し、改善します。この繰り返しによって新規デバイスを開発していくのです。

プロセス開発業務

プロセス開発業務は、**プロセスエンジニア**が担当し、新規デバイスを製造するための工程をつくります。

具体的には洗浄、成膜、フォトリソグラフィ、エッチングといった個別の要素技術を集めてプロセスフローとして完成させます。新規デバイス製造に必要となる要素技術がない場合は、その技術開発も行います。

このプロセス開発業務でポイントになるのは、のちの量産製造工程に適した条件設定です。開発時には歩留りがとれていたものの、いざ生産がはじまり、量産が進んでいくと、想定していた歩留りをとれないという事態が生じることがあります。そうならないように、開発時点である程度のロットを流して試作し、問題なく量産化できることを確かめなければなりません。そのため、デバイスエンジニアはもちろん、量産工程を担当する**生産技術エンジニア**との連携も重要になってきます。

なお、プロセス開発業務は開発用のラ

半導体業界の業務

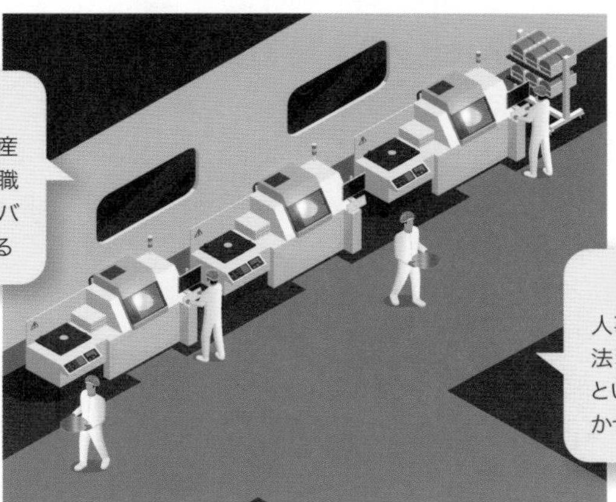

技術系の業務
研究開発、設計、生産といった業務。技術職のスタッフが新規デバイスや技術を開発する

管理系の業務
人事、総務、財務、経理、法務、知財、資材調達といった企業経営に欠かせない業務

半導体メーカー、半導体製造装置メーカー、半導体材料メーカーなどがあるが、いずれのメーカーも、この2つの業務に分かれている点は同じである

インや装置を使って行い、完成後に量産用ラインへ移管するケースと、開発時から量産用ラインを使って行うケースがあり、そのメーカーの方針によって異なります。

量産業務

量産業務には、製造現場における実作業、生産管理、製造プロセスの生産性やコストを改善する生産技術、工場や製造装置の維持管理を行うファシリティなどがあります。

現在、半導体工場では機械による自動化が進んでおり、人間が直接行う作業は次第に少なくなっています。しかし、すべて機械に任せるわけにはいきません。製造装置の操作や定期メンテナンス、トラブル対応、梱包、出荷作業などは機械任せにせず、人間が行います。

また半導体工場のクリーンルームは、空気の清浄度を維持する目的で24時間稼働させています。そのため、製造現場では交代制のシフトを組み、現場作業を実施しています。

生産管理では、顧客からの要求数量に応じて、ウエハを工程に投入し、ロットの進捗を管理します。製品によって良品となる見込み歩留りがわかっているので、一定の余裕をもってウエハの投入量を決めます。

不具合によってロットが停止した場合は、ほかのロットを急いで流すなどの対応に迫られます。

生産技術では、製造プロセスの歩留りや生産性の向上、コスト低減を図るため、工程条件や製造装置の管理方法を変更したりします。また、製造工程内で発生した不具合にも対応する必要があります。

ファシリティでは、半導体工場における電気や空調、水やガス、薬液の稼働監視や運用管理などを行います。半導体工場では特殊なガスや薬液を扱っているので、排水処理や化学汚染の防止は大切です。

さらにエネルギー消費量が非常に大きいことから、省エネ対策もファシリティの重要な業務となっています。

品質保証業務

品質保証業務は、出荷する製品の品質が顧客からの要求を満たした状態にし、それが維持されるように管理・保証する仕事です。

この業務は設計・開発工程での品質保証、製造工程での品質保証、そして製品出荷後の異常時対応と是正処置という３つの段階に分けられます。各段階で品質保証の目的は異なり、業務の内容も変わってきます。

まず**設計・開発工程**における品質保証では、製品や工程ごとに検証を行い、電気特性や信頼性を確認。さらに顧客から求められている品質レベルに達しているか、製造上の問題はないかなどをチェックし、その内容が承認されれば量産の製造工程に移行します。

製造工程における品質保証では、不良品をつくらないこと、できてしまった不良品を世に出さないことを目指し、材料や部品、製造装置や製造環境を管理します。

具体的には一部の抜き取り検査、最終工程では全数検査を実施。製品によっては初期不良を取り除くためにスクリーニングという加速試験を行います。加えて、設計・開発時の信頼性レベルが変わっていないかを定期的にチェックします。

出荷後の異常時対応と是正処置では、世に出してしまった不良品を回収し、その解析を行うことにより、不良となった原因を突き止めます。解析結果を設計や製造工程にフィードバックし、レベルアップにつなげることを目的として行われます。

製造装置メーカー、材料メーカー

半導体製造装置メーカーの業務は研究開発、装置・回路・ソフト設計、量産、品質保証、納入・保守などがありますが、業務フローは半導体メーカーとよく似ています。

半導体材料メーカーの業務も大きく変わりませんが、材料を扱うため、化学メーカーに近いものになります。新しい材料を開発する場合、半導体メーカーの要求に合わせて開発を進めるケースと、材料メーカー自身が新規の材料開発を進めるケースがあります。

半導体メーカーの技術系業務

技術系の業務

デバイス開発業務
新規デバイスの開発、工程の設計を行う

量産業務
製造現場での実作業、生産管理、工程改善を行う

回路設計業務
EDAを使って半導体の回路設計を行う

プロセス開発業務
新規デバイス製造のための工程をつくる

品質保証業務
出荷する半導体製品の品質確認、維持管理を行う

半導体業界の仕事②
管理系の業務

半導体メーカーは技術系の業務のほか、法務、知財、資材調達などの管理系の業務を請け負っています。

法務・知財業務

半導体メーカーの管理系の業務には、人事、総務、財務、経理、法務、知財、資材調達といったものがあります。そのなかから、法務、知財、資材調達についてみていきます。

法務業務は契約書の作成や契約内容の確認、法的な問題が生じた際の対応など、企業活動を法律面で支える仕事です。

半導体をつくるうえでは材料や製造装置の購入、他社への製造委託のように多くの場面で契約を結びます。その内容が自社の要求にかなっているか、不利な内容になっていないかなどを確認するのです。

知財業務は特許をはじめとする知的財産権の出願や管理を行います。たとえば半導体メーカーでは新しい回路構成やデバイス構造が考案されます。製造装置メーカーや材料メーカーでも同様に、新規装置構造や材料組成が開発、考案されます。

それらの知的財産権を特許化して守ったり、他社の特許に触れた内容になっていないかをチェックしたりするのが知財業務で、法務とともに重要な業務となっています。

資材調達業務

資材調達業務は、半導体製造に必要な製造装置や材料を仕入れる業務です。

半導体製造では、綿密に練られた生産計画にもとづき、適切な量とタイミングで資材を仕入れなければなりません。さらにコストダウン交渉や、価格改定変更の要請を受けたときの対応も行います。

半導体は製造開始から出荷するまでに数ヶ月〜半年もの時間がかかるため、増産や納期短縮を要求することが困難です。そうならないように仕入れ先、製造現場、顧客などとの綿密な連携が必要になってきます。

近年では半導体需要の急激な増加により、シリコンウエハの供給が追いつかなくなる事態が生じています。そうした問題に対処するため、半導体メーカーと長期供給契約を結ぶシリコンウエハメーカーが増加しており、資材調達業務にはそうした仕事への対応を求められています。

半導体メーカーの管理系業務

管理系の業務

- **法務業務**
  契約関係、法的な問題が生じた際の対応などを担う
- **知財業務**
  特許をはじめとする知的財産権の出願や管理を行う
- **資材調達業務**
  半導体製造に必要な製造装置や材料を仕入れる

豆知識　半導体業界で求められる人材とは？

半導体業界で必要とされる人材を専攻分野ごとにみると、最もニーズが高いのは電気・電子系を専門とする方です。電気回路や電子回路、電子物性や半導体工学などを学んでいるので、回路設計やプロセス開発、半導体製造装置の設計や開発といった幅広い分野で活躍することができます。

次は機械系を専門とする方。半導体と機械はあまりつながりがないように思われますが、機械系の知見があると半導体製造装置の筐体設計や強度分析、熱解析などでの活躍が見込まれます。工場における生産ライン構築でも、その知識が活かせるでしょう。

情報系を専門とする方は、半導体の製造過程で上がってくる膨大なデータを分析するデータサイエンティストが適役です。

物理や化学系を専門とする方は、半導体材料の研究開発やプロセス開発、解析などで戦力になれます。

半導体業界の懐事情

“今が旬”の半導体業界ですが、関連企業の給与はどうなっているのでしょうか。

半導体業界は給与水準が高い

半導体は日常生活に欠かせないものであり、世界で争奪戦が起こるほど高いニーズを誇ります。それだけに半導体業界全体の給与水準は比較的高く、とくに業績のよい企業の給与は平均を大幅に上回っています。

国税庁の民間給与実態統計調査（令和３年度）によると、現在の日本の平均年収は443万円。業種別では、製造業が平均516万円で、全体平均よりも70万円ほど高い値となっています。　半導体業界に絞った平均年収は統計として発表されていませんが、半導体メーカー、半導体製造装置メーカー、半導体材料メーカーから主な上場企業をピックアップし、その平均給与をみてみると、半導体業界の実態が明らかになります。

半導体製造装置メーカーが強い

2022年における半導体業界の平均給与ランキング第１位は、1,448万円の**レーザーテック**です。同社は半導体製造装置メーカーで、世界的に高いシェアを誇るEUVパターンマスク欠陥検査装置などをつくっています。

第２位は1,399万円の**東京エレクトロン**。半導体製造装置メーカーとしては売上高で国内トップ、世界でも４位に入る企業です。

第３位は1,330万円のディスコ。ウエハを切るダイシングソー、ウエハを削るグラインダ、ウエハを磨くポリッシャという３つの分野で世界的に高いシェアをもつ半導体製造装置メーカーです。

以下、第４位1,102万円の**ソニーグループ**、第５位1,087万円の**フジミインコーポレーテッド**、第６位1,024万円の**ローツェ**、第７位1,010万円の**アドバンテスト**、第８位945万円の**高砂熱学工業**、第９位926万円の**東芝**、第10位924万円の**SCREEN**と続きます。

全体としては、日本の半導体業界の強みでもある“一芸に秀でた”半導体製造装置メーカーの給与が高い傾向にあることがわかります。世界的な競争力をもっている企業は業績もよく、それが社員の給与にも反映されているというわけです。

半導体業界の年収ランキング・トップ30

順位	金額（万円）	企業名	主な事業
1	1,448	レーザーテック	検査装置
2	1,399	東京エレクトロン	半導体製造装置全般
3	1,330	ディスコ	精密加工装置
4	1,102	ソニーグループ	イメージセンサ
5	1,087	フジミインコーポレーテッド	CMPスラリー
6	1,024	ローツェ	搬送装置
7	1,010	アドバンテスト	テスタ
8	945	高砂熱学工業	CR設備
9	926	東芝	パワー半導体
10	924	SCREEN	洗浄装置
11	912	栗田工業	超純水
12	907	メガチップス	LSI設計
13	884	東京応化工業	フォトレジスト
14	877	信越化学工業	シリコンウエハ
15	874	ルネサスエレクトロニクス	マイコン
16	872	ヤマハ	アナログ半導体
17	862	ニコン	露光装置
18	859	ソシオネクスト	SoC設計
19	856	ローム	パワー半導体
20	844	荏原製作所	CMP装置
21	841	野村マイクロ・サイエンス	超純水
22	829	JSR	フォトレジスト
23	827	三菱電機	パワー半導体
24	821	オルガノ	超純水
25	816	芝浦メカトロニクス	洗浄装置
26	812	セイコーエプソン	ASIC
27	808	キヤノン	露光装置
28	801	住友ベークライト	樹脂
29	798	東京精密	プローバ
30	797	大日本印刷	フォトマスク

出所：各社有価証券報告書（2022年度版）

Chapter

5

半導体の最新事情

半導体は日進月歩で進化しています。
パワー半導体が普及したり、微細化が進んだり、
工場が小型化されるようになったりと、さまざまな変化があります。
本章では、そんな半導体の最新事情を紹介します。

本章のメニュー

パワー半導体～いま最も注目される半導体

電力を効率的に制御して省エネルギーをもたらすパワー半導体が、さまざまな場面で使われています。

「脱炭素化」のカギを握る

あらゆる電子機器に必要とされ、世界で争奪戦を巻き起こしている半導体。その半導体のなかで、最近、ニーズを伸ばしているのが**パワー半導体**です。

パワー半導体とはパワー、すなわち電力（電気的エネルギー）を制御したり、変換したりするデバイス（素子）のことで、パワーデバイスとも呼ばれています。「パワー」と聞くと、通常より力の強い半導体とか、力を生み出す半導体といったイメージを抱くかもしれませんが、そうした認識は正しくありません。明確な定義はないものの、通常は1W以上の電力を制御できる半導体を指します。

身近な使用用途としては家電、パソコン、電気自動車（EV）、鉄道車両、エレベーターなどが挙げられます。家電に搭載されている**インバータ**を構成したり、パソコンの充電器のなかでは

パワー半導体の主な用途

パワー半導体は社会のすみずみにまで使われており、電力を効率的に制御して省エネルギーをもたらしている

たらく**コンバータ**を構成したり、EVのバッテリーに充電された電気をモータに供給したり、といった具合です。

ほかにサーバー、産業用ロボット、太陽光発電、送電システムなど、大きな電気を取り扱うケースでは必ずパワー半導体が用いられており、電力を効率的に制御して省エネルギーをもたらしています。そのため現在、パワー半導体はあらゆる産業で進められている**「脱炭素化」**を実現するカギとみなされているのです。

人体にたとえると「筋肉」

パワー半導体の役割は、半導体を人体に置き換えて考えるとわかりやすいかもしれません。

まず脳の思考はCPUの集積回路、記憶はメモリにあたります。次にものを見たり、匂いや味を感じたり、圧力や加速度を感知する五感は各種センサにあたります。ではパワー半導体は何にあたるかというと、モータとともに筋肉の役割を担っています。CPUから指示を受け、それをパワー半導体がモータに伝える(電力を効率よく送る)ことにより、筋肉が動くイメージです。

日本はスーパーコンピュータやAI（人工知能）などに使う最先端の半導体ではアメリカや韓国、台湾などに遅れをとっています。しかし、パワー半導体に関しては日本のメーカーが一定のシェアを確保しており、各社とも主導権を握るべく、さまざまな戦略を展開しています。

パワー半導体を人体にたとえると……

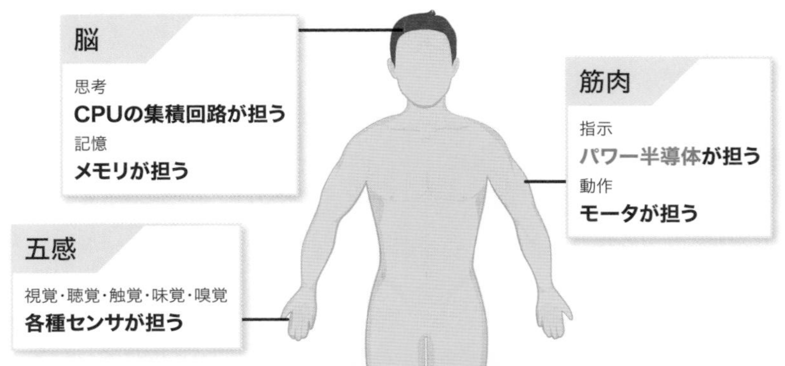

脳(CPU)から指示を受け、それをパワー半導体がモータに伝えると、筋肉が動く

パワー半導体～機能としくみ

パワー半導体にはいくつかの種類があります。それぞれの機能としくみを押さえておきましょう。

パワー半導体の4つの機能

パワー半導体の主要な機能のひとつが、電気の**直流**と**交流**を相互に変換することです。

直流とは、電圧が一定の大きさで流れる電気のことです。乾電池、スマートフォンのバッテリー、自動車のバッテリーなどから流れる電気は直流で、家電やパソコンなどを利用するためには直流の電源が必要です。

一方、交流とは、電圧が周期的にプラスからマイナス、そしてマイナスからプラスに変化して流れる電気のことです。発電所で発電され、各家庭に送られる電気は交流なので、コンセントは交流の電源となっています。

この直流と交流の電気を、パワー半導体が相互に**変換**しています。発電所から各家庭のコンセントに届いた交流の電気を、パワー半導体が直流に変換する（**整流**）ことによって、家電やパソコンが動くのです。

交流を直流に変換するパワー半導体の機能を**コンバータ**といい、それとは逆に直流を交流に変換する機能を**インバータ**といいます。さらに交流の周期数を異なる周波数に変換する**AC/ACコンバータ**（周波数変換）と、直流の電圧を上げたり下げたり変換する**DC/DCコンバータ**（昇降圧）を加え、合計４つのパターンがパワー半導体の主要な機能といえます。

「省エネ」の製品として知られるインバータエアコンの場合、インバータを搭載しているため、モータの回転数を自由に変え、消費電力を減らすことができます。一方、インバータが搭載されていないエアコンの場合、モータをフル回転させるか止めるかしかできないため、余分な電力を放出してしまうことになるわけです。

パワー半導体の分類

パワー半導体は、**整流素子**と**スイッチング素子**の２つに分類できます。

整流素子は一方向にだけ電流を流すもので、**ダイオード**が該当します。スイッチング素子は電流のオン・オフのスイッチ機能をもつもので、電流でオン・オフを制御する**バイポーラ素子**と電圧でオン・オフ制御する**ユニポーラ素子**に分かれます。

直流と交流の違い

交流(Alternating Current:AC)

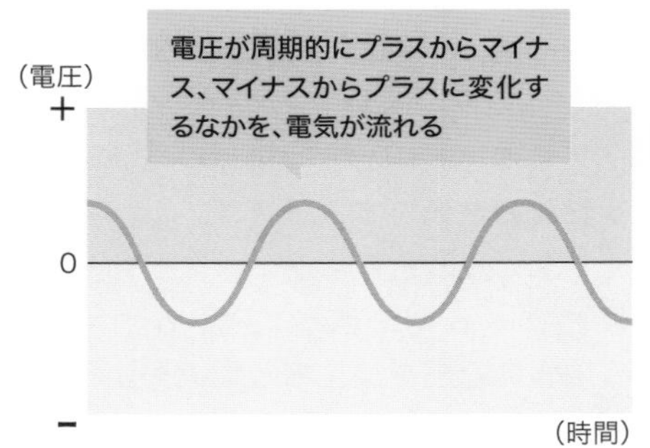

パワー半導体の4つの機能

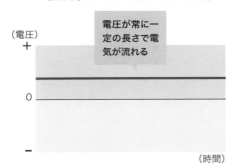

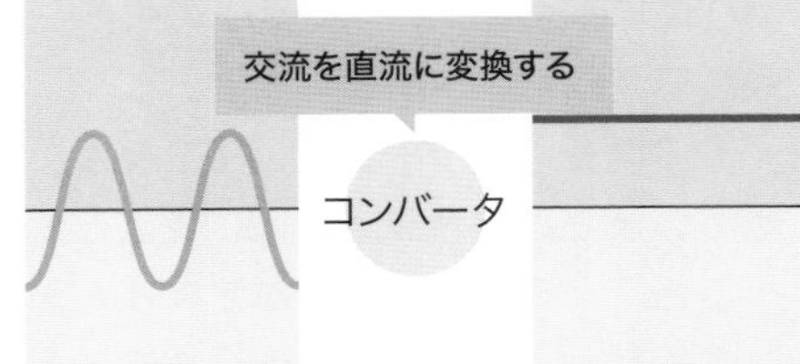

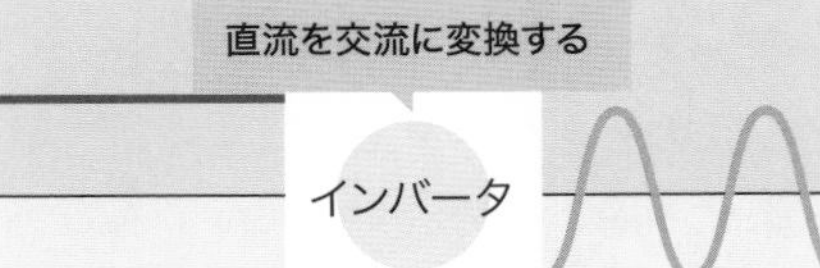

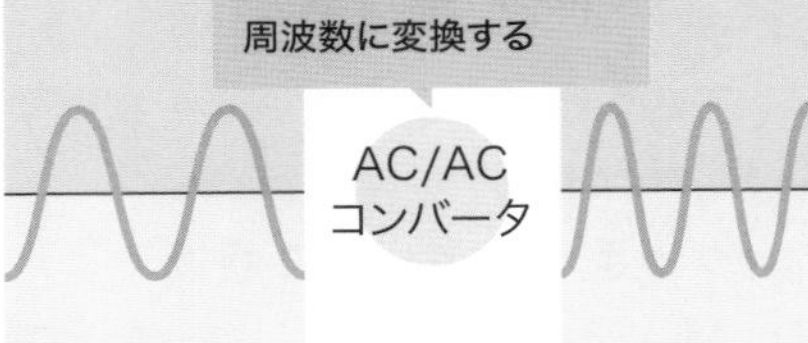

DC/DCコンバータ

直流　直流

直流の電圧を上げたり
下げたり変換する

DC/DC
コンバータ

次は、各種のパワー半導体について詳しくみていきましょう。

ダイオードは整流特性をもつ

ダイオードは一方向にだけ電流を流す**整流特性**をもつ素子です。

１章で説明したように、ダイオードにおいてｐ型のほうに正、ｎ型のほうに負の電圧を加えると電流が流れます。このｐ型→ｎ型の向きを**順方向**といいます。**逆方向**に電圧を加えても電流は流れませんが、**ツェナー電圧**（または**降伏電圧**）と呼ばれる電圧以上の電圧を加えると、ブレイクダウンして電流が流れます。こうした特性を利用して回路をつくっているのが、交流を直流に変換する**コンバータ**です。

またダイオードを１つ使って、入力が正のときのみ電流を流す回路を**半波整流回路**といい、４つ使って入力が正負どちらのときも同じ向きで電流を流す回路を**全波整流回路**といいます。

高電圧制御のパワーMOSFET

スイッチングに用いられるユニポーラ素子には、**パワーMOSFET**（モスフェット）と**IGBT**（アイジービーティー）があります。

MOSFETとは、金属酸化膜半導体電界効果トランジスタ（Metal Oxide（メタル オキサイド） Semiconductor（セミコンダクター） Field（フィールド） Effect（エフェクト） Transistor（トランジスタ））の略称。パワーMOSFETは高電圧を制御できるように設計されたMOSFETの一種です。

ICに集積される通常のMOSFETの場合、ゲートをオンすると、電子がチャネルを通ってソースからドレインに流れますが、パワーMOSFETの場合、高電圧に耐えられるように、電流をデバイスの**縦方向**に流すようにしています。具体的には、**ドリフト層**を設けることにより、高い電圧を加えても壊れないようにしているのです。

パワーMOSFETと似たIGBT

パワーMOSFETと同じユニポーラ素子のひとつであるIGBTとは、絶縁ゲートバイポーラトランジスタ(Insulated（インシュレイテッド） Gate（ゲート） Bipolar（バイポーラ） Transistor（トランジスタ）)の略称で、MOSFETとバイポーラ素子の長所を兼ね備えたパワー半導体です。

その構造はパワーMOSFETとよく似ていますが、パワーMOSFETと比べると、より大きな電流を流すことができるうえ、**オン抵抗**を低減することも可能です。オン抵抗とはデバイスをオンにしたときの抵抗値のことで、値が小さいほど電力損失（ロス）が小さくなります。ただし、スイッチングの速度に関してはパワーMOSFETに劣ります。

そうした特徴から、大電流を制御する場面ではIGBTを用い、高いスイッチング速度を必要とする場面ではパワーMOSFETを用いるといった形で使い分けがなされています。

主なパワー半導体のしくみ

ダイオード

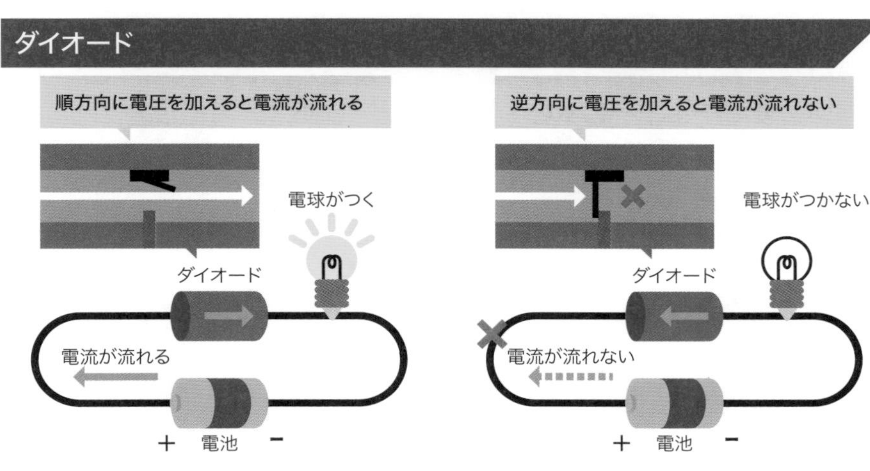
順方向に電圧を加えると電流が流れる
電球がつく
ダイオード
電流が流れる
＋ 電池 －
逆方向に電圧を加えると電流が流れない
電球がつかない
ダイオード
電流が流れない
＋ 電池 －

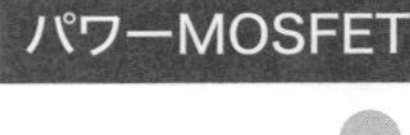
パワーMOSFET

IGBT

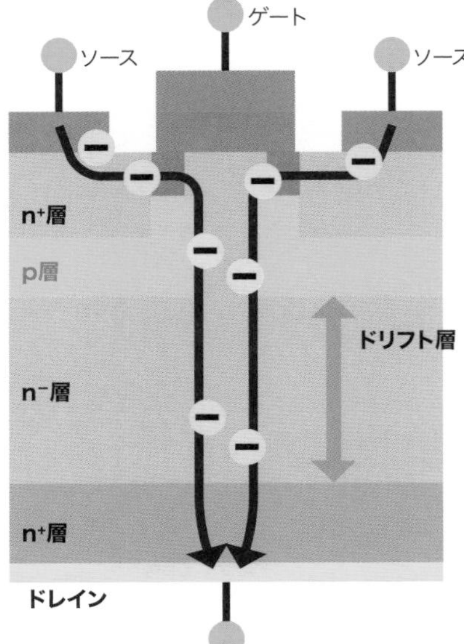
ゲート
ソース
ソース
n⁺層
p層
ドリフト層
n⁻層
n⁺層
ドレイン
電流を縦方向に流す構造。ドリフト層を設けて高電圧にも耐えられるようにしている

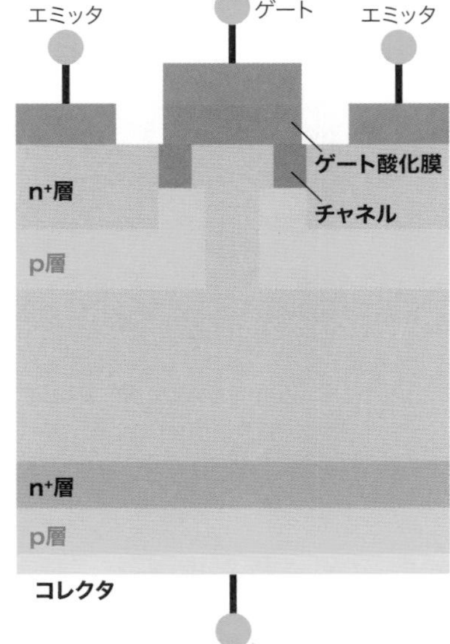
エミッタ
ゲート
エミッタ
ゲート酸化膜
チャネル
n⁺層
p層
n⁺層
p層
コレクタ
パワーMOSFETとは異なり、基板をp型としている。パワーMOSFETより大きな電流を流したり、オン抵抗を低減したりできる

パワー半導体〜SiC半導体

シリコンよりも優れた半導体材料のひとつとされるSiC。いったいどこが優れているのでしょうか？

SiCが注目される理由とは？

パワー半導体の分野では、シリコンを材料とした**IGBT**が長く主流となっていました。しかし、それらの性能はもはやエネルギー損失を最小限に抑える限界値に迫っており、近年は新たな材料によるパワー半導体が普及してきています。その材料のひとつが**シリコンカーバイド（SiC）**です。

SiCはシリコン（Si）と炭素（C）で構成される化合物で、「エスアイシー」または「炭化ケイ素」と呼ばれます。そして、その物性値はさまざまな点でシリコンよりも優れています。

そもそもパワー半導体に求められるのは**耐圧**と**オン抵抗**です。耐圧とは、どれくらいの電圧まで耐えられるかを示す指標です。オン抵抗とはデバイスが動作したときの抵抗値で、オン抵抗が大きいと電流が流れた際に発熱してロスが発生し、小さいとロスが減って

耐圧とオン抵抗の関係

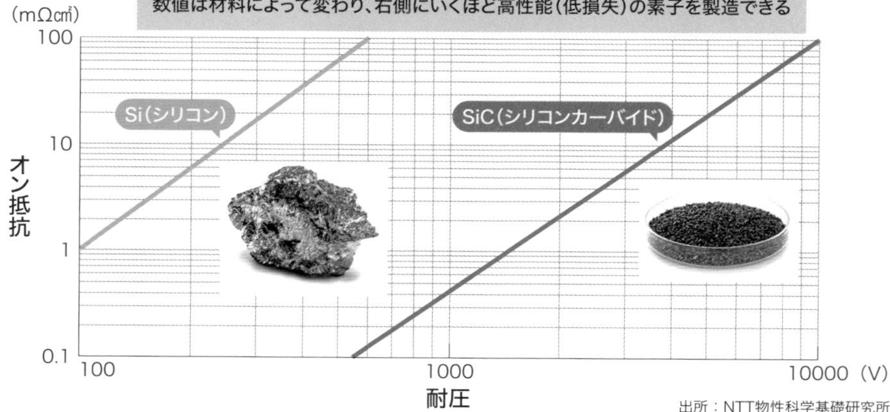

オン抵抗が大きいと電流が流れた際に発熱してロスが発生し、小さいとロスが減って効率的な制御が可能になる。オン抵抗が高くなると、耐圧も高くなる。この数値は材料によって変わり、右側にいくほど高性能（低損失）の素子を製造できる
（mΩ㎠）
100
10
1
0.1
オン抵抗
Si（シリコン）
SiC（シリコンカーバイド）
100
1000
10000（V）
耐圧

出所：NTT物性科学基礎研究所

効率的な制御が可能になります。

この耐圧とオン抵抗を改良すべく、半導体業界ではシリコンより優れた物性値を示す材料の開発が進められてきました。そうしたなかで、SiC が注目されることになったのです。

高温動作・高電圧化も問題なし

SiC に関しては、下図のように**エネルギーバンドギャップ**がシリコンの約3倍あり、高温下での安定した動作が可能です。

そのうえ、**絶縁破壊電界**がシリコンの約10倍もあるため、高耐圧化も問題ありません。同じ耐圧であれば、シリコン製のデバイスの10分の1の薄さにできるので、オン抵抗の減少による低損失化につながります。

さらに**熱伝導率**がシリコンの約3倍あることから放熱性も向上し、放熱器の小型化も可能になります。

SiC がパワー半導体の材料として脚光を浴びている背景には、こうした優れた特性があるのです。

メーカーは SiC 半導体（SiC パワー半導体）の開発を競って進めており、すでに**ショットキーバリアダイオード（SBD）**と呼ばれるダイオードやパワー MOSFET が実用化されました。最近はコストも下がりつつあり、今後は電気自動車（EV）が普及するにつれて、SiC 半導体を使ったインバータが広がっていくでしょう。実際、アメリカのテスラ社製 EV のインバータには SiC 半導体が採用されています。

SiとSiCの物性値比較

Si（シリコン）	材料名	SiC（シリコンカーバイド）
1.12	エネルギーバンドギャップ(eV) 電子が安定して存在できない禁制帯のエネルギー幅。この数値が高いほど高温化の動作が安定する	3.26
0.3	絶縁破壊電界(MV/cm) 物質に電界(または電圧)を加えたとき、電流が急増して破壊の生じる現象を絶縁破壊という。この数値が高いほど高い電圧に耐えられる	2.8
1.5	熱伝導率(W/cm・k) 熱の伝わりやすさを示す。数値が高いほど熱が伝わりやすい	4.9

いずれの数値もSiCがSiを上回っている

出所：NTT物性科学基礎研究所

パワー半導体～GaN半導体

GaN半導体はモバイル機器の充電器など高周波領域での普及が見込まれるパワー半導体です。

GaNの優位性とは？

近年、パワー半導体に使われるようになった材料はSiCだけではありません。**GaN（ガリウムナイトライド）** もまた、パワー半導体の材料として普及してきています。

GaNはガリウム（Ga）と窒素（N）で構成される化合物で、「ガン」または「窒化ガリウム」と呼ばれます。2014年にノーベル賞受賞技術となった**青色発光ダイオード（青色LED）** の材料としても知られています。

SiCと同じくGaNも、シリコンと比べて**エネルギーバンドギャップ**が大きいうえ、**絶縁破壊電界**、**熱伝導率**も高い特性をもっています。さらに**電子移動度**や**電子飽和速度**もシリコンより高いため、**GaN半導体**はスイッチング速度を早くすることができます。

ただし、マイナス面もあります。GaNのウエハ基板は非常に高価。一般的には安価なシリコン基板上にGaNの層を形成してデバイスを作製するため、シリコンやSiCのように電流を縦方向に流す構造とは異なる横方向デバイスとなります。横型デバイスの場合、電極間の距離が短く、高耐圧化が難しくなってしまいます。それがGaN半導体の弱点です。

それでも高速スイッチング動作が可能なことから、GaNには高いニーズがあります。モバイル機器向けの充電器やデータセンターのサーバ用電源などにGaN半導体が採用されています。

SiCとGaNの適用範囲

最近ではSiC半導体とGaN半導体の開発が盛んになされており、実機への搭載も進んでいます。しかし、パワー半導体の材料がすべてSiCやGaNに置き換わることはないでしょう。

シリコン、SiC、GaNでは“得意分野”が異なります。たとえば**動作周波数**と**電力容量**をみると、低周波や低容量側はコストの低いシリコンのMOSFETやIGBTが適しているため、今後も使われ続けると考えられます。

一方、SiCは大電流、高耐圧の領域に広がり、GaNは高周波領域での普及が見込まれています。どの材料もすみ分けがなされ、しばらく存続していくというわけです。

デバイスの形状の違い

SiCデバイス（縦方向デバイス）

電極

SiCデバイス

電流　電流

SiC基板

電極

電流を縦方向に流す構造になる。シリコンデバイスも同じ

GaNデバイス（横方向デバイス）

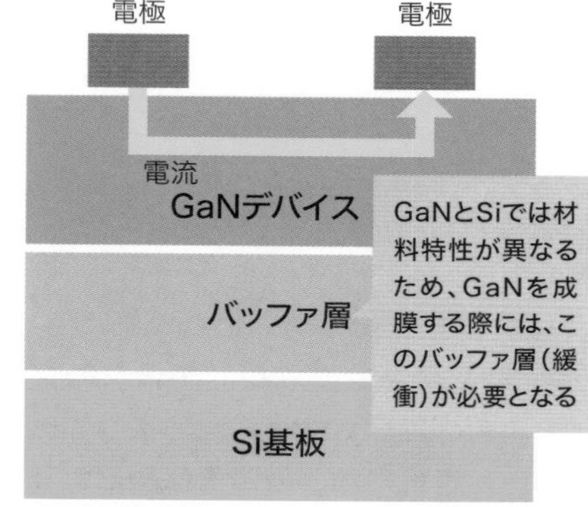

電流を横方向に流す構造になるため、高耐圧化が難しくなる

GaNは非常に高価なため、安価なSi基板を使う

主なパワー半導体材料の性能分布

縦軸：高耐圧（電力容量）↑ ／ 低耐圧（電力容量）↓
横軸：低周波（動作周波数）← ／ 高周波（動作周波数）→

	低周波（動作周波数）	高周波（動作周波数）
高耐圧（電力容量）	**SiC** 電気自動車や太陽光発電などで実用化されている	**GaN（GaN基板）** 実用化はされておらず、まだ研究開発段階にある
低耐圧（電力容量）	**Si** 家電やモバイル機器の充電器などで実用化されている。現在の主流の材料	**GaN（SiC基板）** モバイル機器の充電器やデータセンターのサーバ用電源などで実用化されている

かつてはシリコンデバイスがほとんどだったが、
大電流、高耐圧を求めるときはSiC、
高周波を求めるときはGaNを利用するようになっている

パワー半導体～ Ga_2O_3半導体とダイヤモンド半導体

酸化ガリウムやダイヤモンドが次世代の半導体材料として脚光を浴びはじめています。

次世代の半導体材料Ga_2O_3

パワー半導体の材料としてSiCやGaNの普及が進むなか、その次の世代の材料の開発も徐々にはじまっています。次世代材料の筆頭格は**酸化ガリウム（Ga_2O_3）**です。

Ga_2O_3はガリウム（Ga）と酸素（O）で構成される化合物。エネルギーバンドギャップと絶縁破壊電界がSiCやGaNよりも大きいため、さらなる低消費電力化、高耐圧化が可能です。

結晶構造の違いから**α-Ga_2O_3とβ-Ga_2O_3**の2つに分けられ、日本のFLOSFIA（フロスフィア）社がα-Ga_2O_3、ノベルクリスタルテクノロジー社がβ-Ga_2O_3の開発を進めています。

Ga_2O_3半導体の実用化に向けた課題は、やはりコストでしょう。現在は4インチのウエハ基板でさえ非常に高価で、量産化は容易ではありません。それでも6インチのウエハ基板に関しては製造原理上、SiCより安価になるため、現在は6インチ化の技術開発が進められています。

2023年にはβ-Ga_2O_3のSBD（ショットキーバリアダイオード）の実機動作が確認されたことから、まずSBDが市場に投入される見込みです。

ダイヤモンドが半導体の材料に

もうひとつ、**ダイヤモンド**も次世代材料として注目を集めています。

ダイヤモンドといえば宝飾品をイメージする人が多いでしょうが、実は半導体材料としても極めて優れた特性をもっています。

エネルギーバンドギャップ、電子移動度、絶縁破壊電界、熱伝導率といった指標が軒並み高く、**「究極の半導体」**と呼ばれているのです。SiCと比べると、耐圧は4倍程度、熱伝導率も5倍程度と、そのポテンシャルの高さがうかがえます。

ウエハ基板の作製や加工が困難で、コストも高額になるなど、実用化への課題は多く残されています。しかし、日本のOrbray（オーブレイ）社が2021年に2インチのウエハ基板の開発に成功すると、それを使って佐賀大学のグループが横型MOSFETをつくるなど、研究レベルではあるものの、世界最高レベルのパワーデバイス動作が確認されました。

Ga_2O_3・ダイヤモンドの物性値

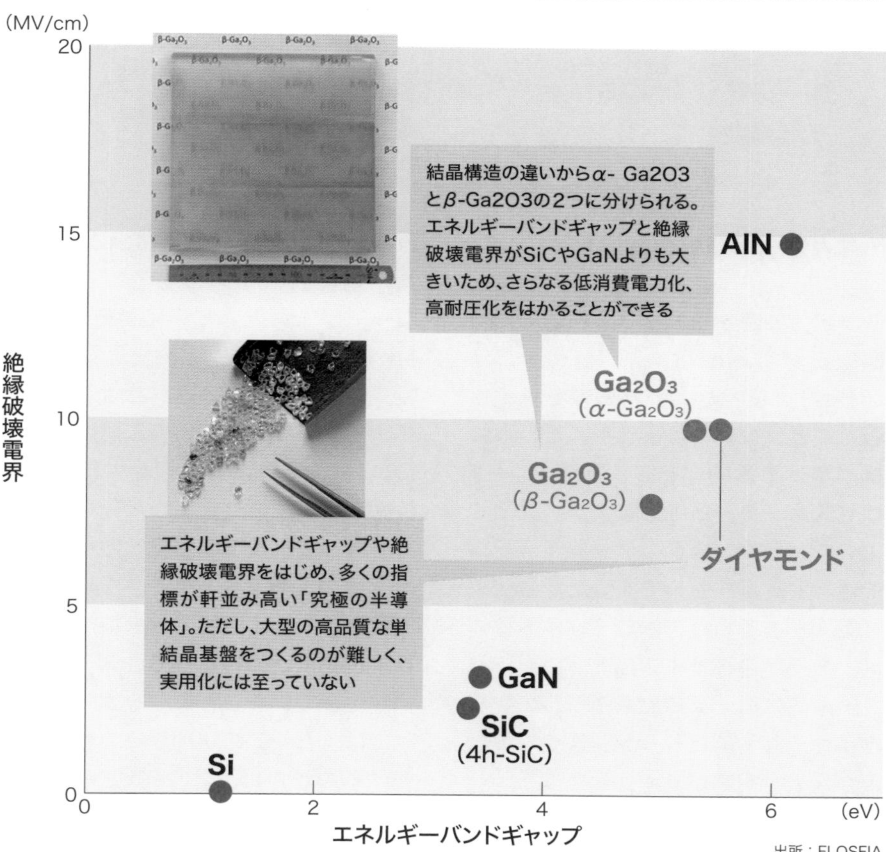

(MV/cm)
20
15
10
5
0
0
2
4
6
(eV)
絶縁破壊電界
エネルギーバンドギャップ
結晶構造の違いからα- Ga2O3とβ-Ga2O3の2つに分けられる。エネルギーバンドギャップと絶縁破壊電界がSiCやGaNよりも大きいため、さらなる低消費電力化、高耐圧化をはかることができる
AIN
Ga2O3
(α-Ga2O3)
Ga2O3
(β-Ga2O3)
ダイヤモンド
エネルギーバンドギャップや絶縁破壊電界をはじめ、多くの指標が軒並み高い「究極の半導体」。ただし、大型の高品質な単結晶基盤をつくるのが難しく、実用化には至っていない
GaN
SiC
(4h-SiC)
Si

出所：FLOSFIA

豆知識

まだある！　次世代材料

Ga_2O_3やダイヤモンド以外にも有望なパワー半導体の材料があります。たとえば、窒化アルミニウム（AIN）です。エネルギーバンドギャップが非常に大きく、Ga_2O_3やダイヤモンドとともに「ウルトラワイドバンドギャップ半導体」に数えられる化合物です。2022年には、NTTがAINトランジスタを開発しました。

半導体の微細化

ムーアの法則に従うと、半導体は今後もまだまだ小さく進化していくと考えられます。

年々進む半導体の微細化

半導体に関するニュース報道で、「回路線幅が○nm（ナノメートル）（1mの10億分の1の長さ）」などといわれるのを見聞きしたことはないでしょうか。この数値は半導体の**微細化**を表す指標で、**「プロセスルール」**と呼ばれます。具体的には、トランジスタのゲート長や配線の幅などを示すものです（ただし明確な基準があるわけではなく、各半導体メーカーの自称サイズ）。

一般的には、プロセスルールの数値が小さくなるほどトランジスタの集積度が増し、回路が高速化したり、消費電力が低減するなど、半導体の性能が向上するとされています。さらに半導体が小さくなることで、製造コストの低下にもつながります。こうした半導体の微細化が年々進んでおり、現在は3nm相当にまで到達しているのです。

半世紀以上有効な法則がある

半導体の微細化については、長らく**ムーアの法則**との関連性がいわれてきました。ムーアの法則とは、CPUメーカーとして世界的に有名な**インテル**の共同創業者の1人である**ゴードン・ムーア**が1965年に唱えた経験則で、「半導体の性能（集積度）は18～24ヵ月で2倍になる」というものです。インテルでは、この法則に従って（言い換えると法則を原動力にして）、技術開発を進めてきました。

実際、これまでの歴史を振り返ると、半導体の集積度は約18～24ヵ月に2倍のペースで増えてきました。つまり半世紀以上にわたって、ムーアの法則が生きていることになります。

では、ムーアの法則はいつまで生き続けるのかというと、「微細化の限界に近づいているため、すでに終わりつつある」との説が多くの専門家によって唱えられています。しかし、この主張に反論する声も少なくありません。

たとえばインテルは、「2030～40年までは持続可能」と主張しています。ベルギーにある先端半導体の研究機関imecも、2036年に0.2nmへ至るロードマップを発表しています。

微細化の限界を突き破り、ムーアの法則が生き続けるのかどうか——。それは今後の開発状況次第です。

微細化するとどうなるか

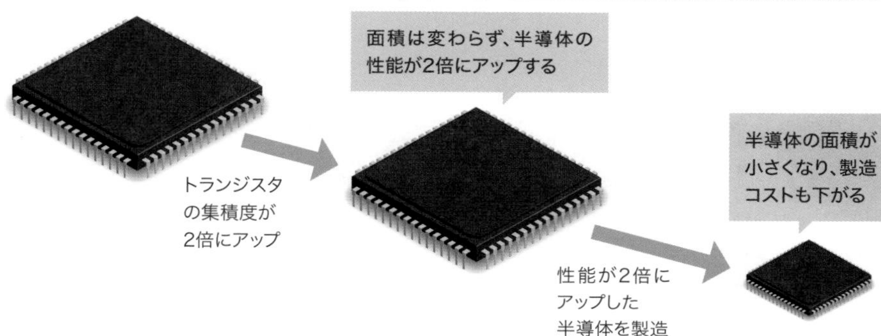

ムーアの法則を確認する

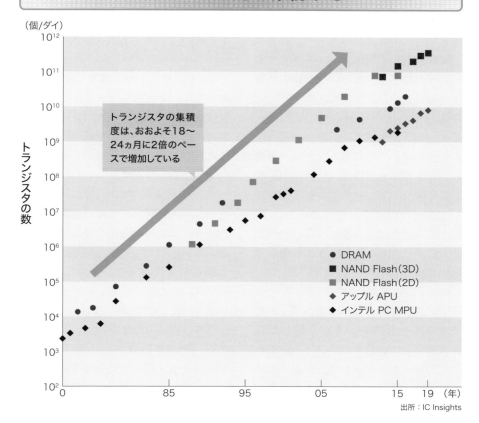

(個/ダイ)
10^{12}
10^{11}
10^{10}
10^{9}
10^{8}
10^{7}
10^{6}
10^{5}
10^{4}
10^{3}
10^{2}
トランジスタの数
トランジスタの集積度は、おおよそ18〜24ヵ月に2倍のペースで増加している
● DRAM
■ NAND Flash(3D)
■ NAND Flash(2D)
◆ アップル APU
◆ インテル PC MPU
0 85 95 05 15 19 (年)

出所：IC Insights

微細化とトランジスタ

トランジスタの構造はプレーナ型からはじまり、微細化の進展とともに、その構造を変化させてきました。

プレーナ型からはじまった

過去数十年にわたって続けられてきた半導体の微細化。微細化の進展にともない、集積可能なトランジスタ数が増え、その構造も変わってきました。ここでは、微細化によるトランジスタ構造の変化の推移をみていきましょう。

MOSFET（P58～）の構造はウエハの表面にゲートがついた**プレーナ型**からはじまり、次第に微細化が進んできました。ところが2000年代に入ると、問題が生じます。本来は電流が流れないはずの絶縁個所から電流が流れてしまうリーク電流（漏れ電流）などの影響で、プレーナ型の微細化が難しくなったのです。そこで22nm前後からは、**FinFET型**と呼ばれる構造のMOSFETが使用されるようになりました。

FinFET型では、ソースとドレインの間に流れる電流を制御するゲートがチャネルを3方向から取り囲んだ立体構造をしています。そのため、チャネルの周囲からゲート電圧を加えることができ、プレーナ型では限界になっていた低消費電力化と性能の向上がなされました。これにより、さらなる微細化が可能になったのです。

しかしFinFET構造でも、4nm以降の工程では性能の限界が見えはじめており、新たな構造が考案されました。**GAA(GateAll Around（ゲートオールアラウンド）)型**です。

FinFET型からGAA型へ

GAA型は、チャネルを上下左右の4方向すべてからゲートで取り囲んだ構造をしています。これによってチャネルに流れる電流をより細かく制御することができ、低消費電力化と性能の向上につながります。

現在の最先端プロセスは、FinFET型からGAA型へ移行する過渡期にあります。たとえば韓国の**サムスン電子**は、3nmプロセスからGAA構造を採用したと発表しています。台湾の**TSMC**もまた、2025年から量産される2nmプロセスからGAA構造を採用する見込みです。

ムーアの法則の終焉（しゅうえん）が囁（ささや）かれるなか、研究者・技術者たちは微細化の限界の壁を乗り越える努力を続けているのです。

MOSFETの構造の変化

プレーナ型

ウエハの表面にゲートがついた初期の構造。2000年代に入って絶縁箇所から電流が流れるリーク電流などの問題が発生し、微細化が難しくなった

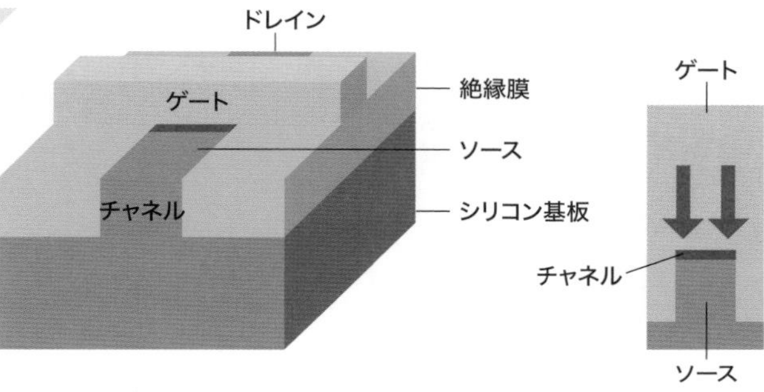

22nm前後から4nmまでFinFET型が使われた

FinFET型

ソースとドレインの間に流れる電流を制御するゲートが、チャネルを3方向から取り囲む立体構造。チャネルの周囲からゲート電圧を加えることにより、低消費電力化と性能の向上がなされた

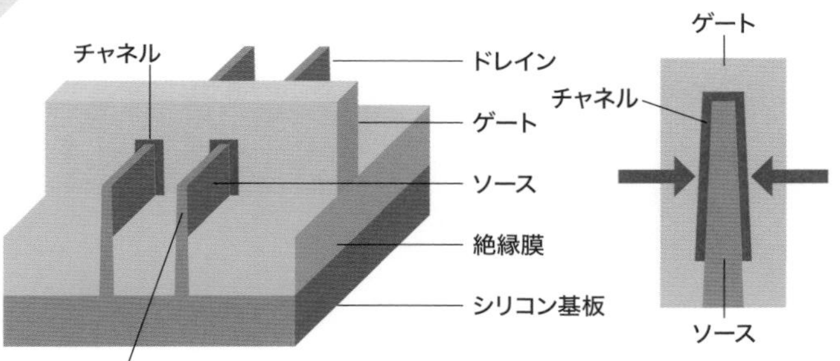

4nm以降、FinFET型が限界に近づき、現在はGAA型への移行が進んでいる

GAA型

GAAはGate All Aroundの略。チャネルを上下左右の4方向すべてからゲートで取り囲んだ構造になっている。チャネルに流れる電流をより細かく制御し、低消費電力化と性能の向上をはかっている

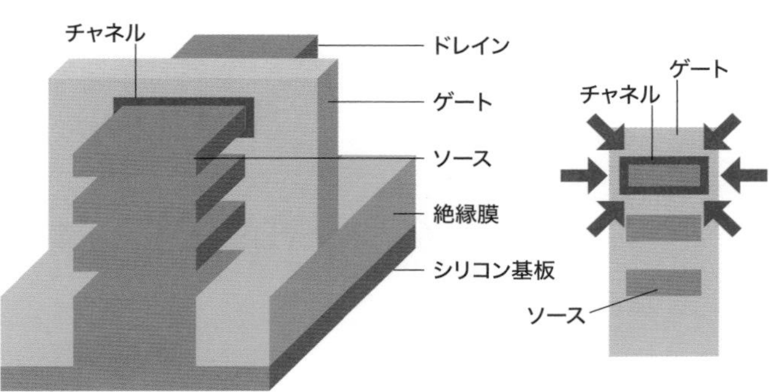

3次元実装とチップレット技術

微細化技術とは異なる方向から半導体の高集積化を目指す技術が研究開発されています。

縦方向にチップを積み上げる

半導体業界では、半導体のさらなる微細化を進めています。しかし、微細加工は技術的・経済的に限界に近づきつつあるのが現実です。

そうしたなか、微細化とは異なる方向で半導体を進化させようとする動きもみられます。その代表格が、半導体の**3次元（3D）実装**です。

3次元実装とは、**TSV（Through Silicon Via）**（スルー シリコン ビア）といわれる微小な貫通導通穴を形成し、縦方向にチップを積み上げることで集積度を増やす技術です。この技術を用いれば半導体を小型化したり、高密度な製品をつくったりすることができるうえ、信号伝送や処理速度の速度の向上も可能になります。

数多くのTSVを形成し、各チップと接続することは技術的に容易ではありません。また、TSVを形成することでチップ面積が大きくなってしまう

3次元実装のモデル

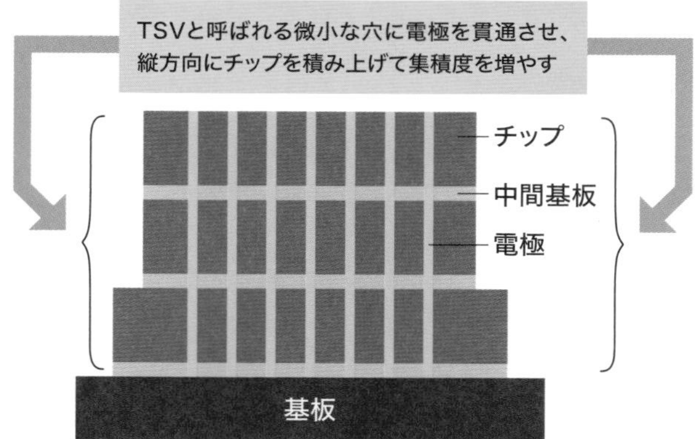

TSVと呼ばれる微小な穴に電極を貫通させ、縦方向にチップを積み上げて集積度を増やす
チップ
中間基板
電極
基板
3次元実装によって半導体を小型したり、高密度な製品をつくったりすることができる。また、信号伝送や処理速度の速度を上げることも可能になる

という問題もあります。

しかし実用化できれば、これ以上微細化に頼ることなく、集積度を増やせるようになります。そのため、3次元実装は業界内外から注目されており、経済産業省からも開発助成事業として位置づけられています。

チップを小片化して接続する

チップを小片化して接続する**チップレット技術**も見逃すことができません。

従来の半導体は、プロセッサコアやメモリなどの構成要素を1つのチップに混載集積する製造プロセスでつくられていました。これに対し、チップレットは構成要素を個別のチップとして製造します。そして、それぞれを実装して接続することにより、1つのチップとして動作させるのです。

チップレットのメリットとしては、それぞれの構成要素を最適なプロセスで製造することができることや、さまざまなチップを組み合わせることができることなどが挙げられます。

最適なプロセスで製造することにより、微細化が求められるコア部分には微細プロセスを使ったチップを使い、それ以外の部分は低コストのプロセスを使ったチップを利用するといったやり方をとれるようになります。その結果、全体としてコストやチップ面積が低減されたり、歩留り（P117〜）の向上につながるのです。

3次元実装とともに、このチップレット技術への期待も高まります。

チップレットの技術

デバイスの構成要素を個別のチップとして製造し、それぞれを実装することによって、1つのチップとして動作させる

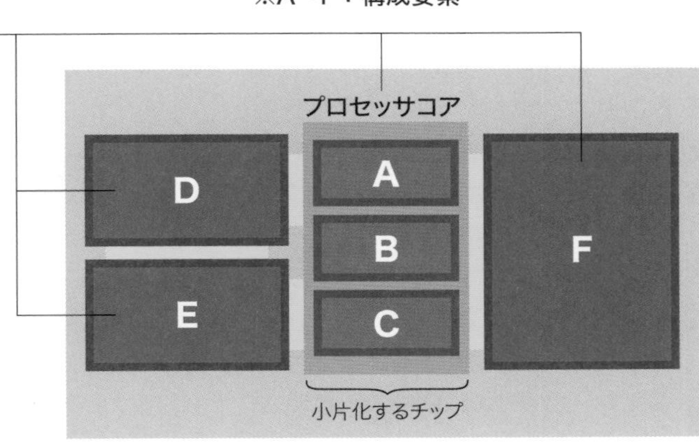

構成要素を最適なプロセスで製造できる、さまざまなチップを組み合わせられるといったメリットを得られる

ミニマルファブ

多品種少量の製造に特化したミニ工場の登場により、半導体製造モデルが大きく変わる可能性があります。

多品種少量生産が可能

最先端の**半導体工場**を建設するには、数千億～1兆円単位の莫大な投資を行い、クリーンルームを備えた巨大なプラントをつくり、高額な半導体製造装置を多数そろえなければなりません。

そのような大規模な設備は、チップとして年間数百万～数千万個以上の出荷量が見込まれる製品を生産する場合には、経済的合理性があるといえるでしょう。しかし、必ずしもそうしたケースばかりではありません。

半導体業界には多くの品種を少しだけ生産したいケースがあります。また製品寿命が20～30年と長いものの場合、少量であっても、毎年必ず生産を求められます。そうした少量生産品は、効率が悪く利益も出にくいため、既存の生産体制では敬遠されがちです。

そこで産業技術総合研究所は、多品種少量・変種変量生産のニーズに対応した**ミニマルファブ**を考案しました。

ミニマルファブの新構想が登場

ミニマルファブは従来の大量生産向きの半導体製造モデルとは違って、多品種少量の製造に特化。たった1個から半導体製造が可能という、これまでにない製造モデルです。

通常は300㎜などの大口径ウエハを用いますが、ミニマルファブでは**ハーフインチ**（12.5㎜）の小さなウエハ上に回路を形成します。使用する半導体製造装置も幅30㎝弱、奥行45㎝、高さ144㎝と超小型ながら、1台が洗浄、成膜、露光、エッチングなどの各工程に必要な機能をひと通り備えています。

また、ウエハを**シャトル**と呼ばれる搬送用のケースに入れられるためクリーンルームが必要なく、半導体製造装置を設置するスペースも小さくてすみます。さらに、1チップずつの枚葉生産なので製造期間は早ければ1日、長くても1週間程度と、短期間での製造が可能です。

設計ルールが0.5um程度までしかなく微細加工が難しい、イオン注入など一部の工程に課題が残るなど、実用化までにはもう少し時間がかかります。それでも技術開発が進めば、将来有望な製造モデルであることは確かです。

ミニマルファブの特徴

従来の半導体工場

- 大量生産を前提としている
- 広大な敷地が必要で、設備投資に数千億〜1兆円単位の資金を要する
- 300㎜などのウエハを用い、大きな半導体装置が必要になる

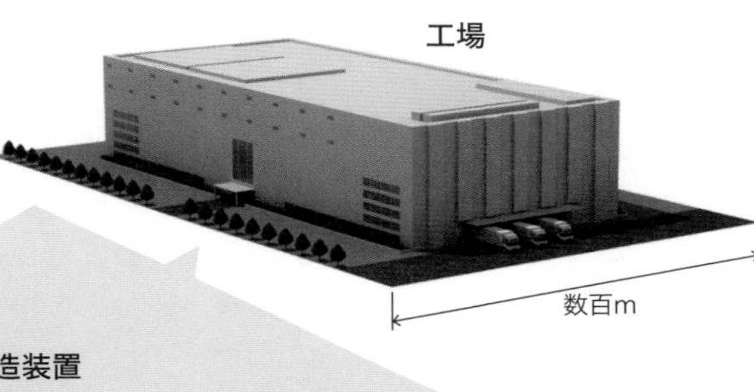

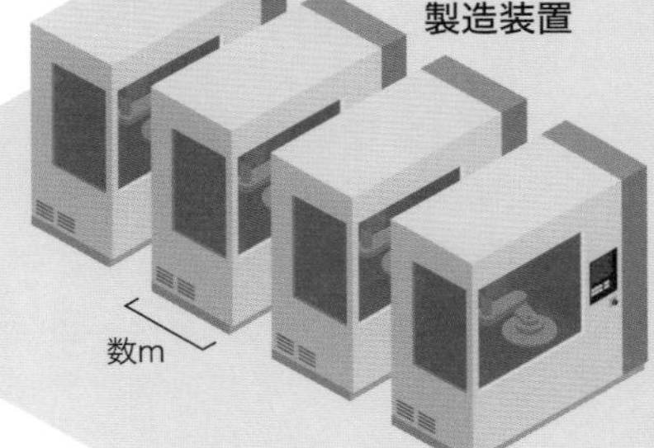

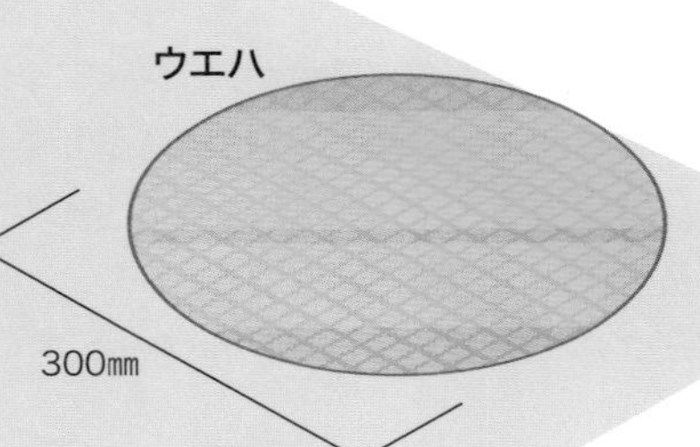

ミニマルファブ

- 多品種少量を前提。半導体1個からでも製造可能
- 敷地は狭くても問題なく、設備投資は数億〜数十億円ですむ
- 12.5㎜のウエハを用いるため、小さな半導体装置で事足りる

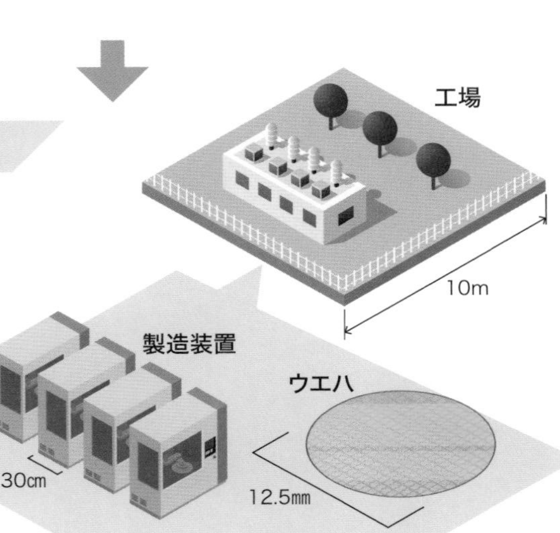

AI半導体の登場

急速に発展する人工知能（AI）の技術を支えているのは、計算能力に優れた最新の半導体です。

機械学習にはAI半導体が不可欠

近年、**AI（人工知能）**が急速に発展してきています。製造業において過去のデータから異常を事前に検知してくれたり、物流において最適な配送ルートを計画してくれたり、医療において人の目では判断の難しい画像診断をしてくれたりと、さまざまな分野でAIが活躍。さらにアップルの「シリ」、グーグルの「グーグル・アシスタント」、アマゾンの「アレクサ」といった**音声アシスタント**が各デバイスに当たり前のように搭載されたり、ChatGPTの公開を機に**生成AI**がブームになるなど、AIの進化・普及はとどまることを知りません。こうしたAIの発展の背景には、AI技術の進歩とともに、半導体の計算能力の向上があります。

AIは**機械学習**によって構築されます。機械に大量のデータを読み込ませ、何度も計算させることで識別・分類の

AI半導体の登場

機械学習

AIの基本技術。機械に大量のデータを読み込ませ、何度も計算させることで識別・分類のルールを学習させていく

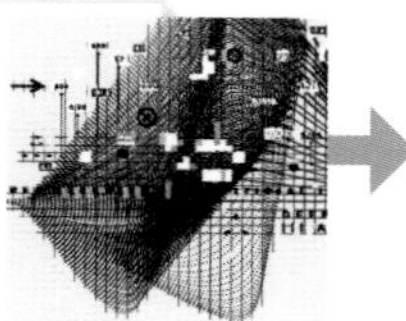

GPU

画像処理に特化した半導体チップ。大量の並列計算をこなせるため、AIに使われていた

GPUはAI用に特化しているわけではなかったため、AIに最適なAI半導体が開発される

AI半導体

GPUをもとに開発されたものなど、さまざまなタイプがつくられ、AI技術を支えている

主なAIチップ

Tesla M40（エヌビディア）	Facebookが採用
TPU（グーグル）	囲碁AI「アルファ碁」で利用
A11 Blonic（アップル）	iPhoneの顔認証で利用
AWS inferentia（アマゾン）	自社クラウドで利用
Ascend910（ファーウェイ）	自社クラウドで利用

ルールを学習させていくのです。

機械学習を行うには、膨大なデータを処理できる高性能・低消費電力の半導体が欠かせません。従来は画像処理に特化した**GPU**（P68〜）が大量の並列計算をこなせることからAIに使われていましたが、GPUはAI用に特化しているわけではありませんでした。そこで**AI半導体**が開発され、AI技術を支えることになったのです。

各社競って開発を進める

AI半導体をリードするのはGPUのトップ企業である**エヌビディア**。GPUがAIの処理に適していることがわかると、世界の製造業数百社と提携し、AI開発に取り組みました。演算処理に使用されるCPUの大手**インテル**や**AMD**も、エヌビディアに追いつき追い越せで研究を進めています。

さらにグーグルやアップルなどの**ビックテック**の動きも注目されます。グーグルは**TPU（Tensor processing unit）**（テンソール プロセッシング ユニット）というAI半導体を開発し、自社クラウドの検索エンジンに使用しています。**グーグル**のスーパーコンピュータにはTPUが4000個以上組み込まれており、エヌビディア製AI半導体を使ったスパコンの性能を上回るといわれています。

アップルはiPhone用に自社開発したAI半導体導入しています。**アマゾン**も自社のクラウド事業であるAWS（アマゾン・ウェブサービス）に使用するAI半導体を自社開発しています。

AI半導体の市場予測

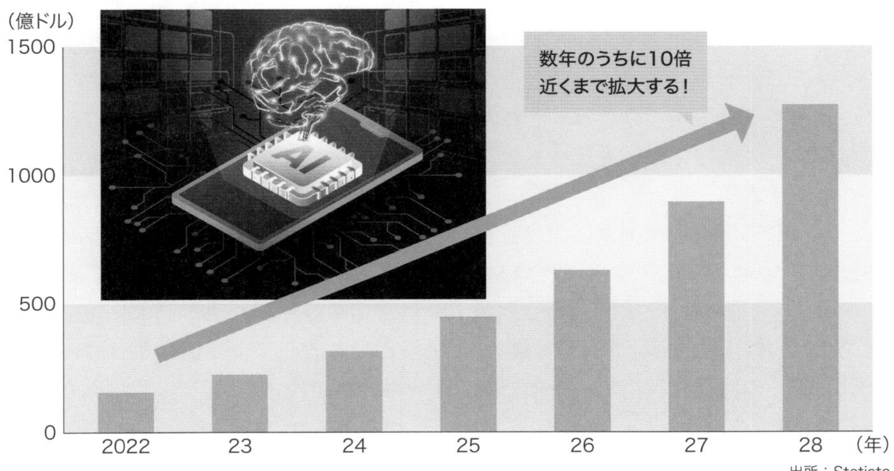

出所：Statista

量子コンピュータの開発

半導体の技術を応用することにより、超高速の量子コンピュータの進化につながる可能性があります。

新時代のコンピュータ

2019年、グーグルが独自開発した**量子コンピュータ**を使い、最先端のスーパーコンピュータで1万年かかる計算をわずか200秒で解いたと発表し、大きな話題になりました。2023年3月には日本の理化学研究所などが開発した国産初の量子コンピュータが稼働しています。

物質を構成する原子や電子などの量子は、粒子と波の性質をあわせもっています。この不思議な性質を利用して情報処理を行うコンピュータを量子コンピュータといいます。

そもそも現代のコンピュータでは、スイッチ（トランジスタ）のオンとオフによって2進法の「0と1」を表しており、その情報の単位を**ビット**と呼んでいます。

一方、量子コンピュータにおける**量子ビット**では、0と1を重ね合わせて表現します。情報を重ね合わせた状態、すなわち「0でもあり1でもある」という量子の性質を利用し、一括計算するのが量子コンピュータです。

現代の一般的なコンピュータでは複雑すぎる問題を解く際に、量子コンピュータが用いられます。量子コンピュータを使うことにより、多くの問題を高速に解決できるようになります。

半導体で量子ビットをつくる

この量子コンピュータを製造するには、量子ビットを物理的につくらなくてはなりません。量子ビットのつくり方については**超電導方式**、**イオン方式**、**光方式**などがありますが、そのなかに**半導体方式**もあります。

半導体方式で量子ビットを作成する場合、異なる種類の半導体薄膜を積層した特殊な構造をつくり、薄膜間に電子を閉じ込めることによって、量子ビットとして機能させるのです。

この方式では半導体を利用するため、超電導やイオンを使うほかの方式と比べて小さくしたり、集積度を高めたりすることが可能です。しかし、現状ではまだエラー率が高いうえ、電子を量子ビットとして安定的に動作させるために極低温に冷却しなければならない（＝冷凍機が欠かせない）といった課題も残されています。

量子コンピュータの特徴

	通常のコンピュータ	量子コンピュータ
単位ビット	0と1のどちらかの値 1　0	0と1の重ね合わせ状態 1/0
計算のイメージ	すべての入力ごとに計算して答えを出す 0 0 → a 0 1 → b 1 0 → a 1 1 → a 答え	すべての入力を一括計算して答えを出す 1 1 → a 答え

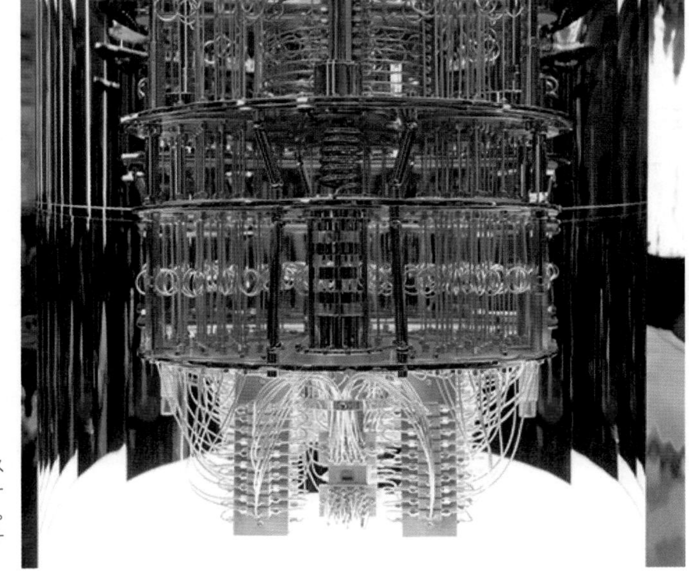

IBMが2020年にラスベガスで公開した量子コンピュータ「IBM Q System One」。スーパーコンピュータの数十億倍もの速さを誇る

Chapter

6

半導体の歴史と未来

半導体にはおよそ150年の歴史があります。
その歴史の流れを振り返るとともに、
現在の半導体が置かれている状況、
さらに日本がどこに向かおうとしているのかを見ていきます。

本章のメニュー

半導体の誕生と発展の経緯①

現代社会に欠かせない半導体はどのように生まれ、進化してきたのか。その歴史をたどります。

鉱石を用いた鉱石検波の登場

今や半導体は家電製品からスマートフォン、パソコン、インフラ設備など、さまざまな分野で使われ、現代社会に不可欠な存在となっています。では、その歴史がはじまったのはいつ頃でしょうか？　半導体の発端をどことするかについては諸説ありますが、その歴史は150年ほど前までさかのぼると考えられています。

1874年、ドイツの物理学者**フェルディナント・ブラウン**が鉱石に**整流機能**があることを発見しました。整流機能とは、電流を一方向にしか流さない性質です。その性質を利用し、**鉱石検波器**と呼ばれるダイオードの一種が発明されます。これは名前のとおり、黄鉄鉱や方鉛鉱などの鉱石を使って、アンテナで捕らえた電波から音の波を取り出す素子（デバイス）でした。

鉱石検波器は鉱石を使っていることから品質が安定せず、針を動かして感度のよい位置を探さなければならない不便さはありましたが、安いうえに電力消費が少ないため、初期のラジオに利用されました。

整流機能を備えた真空管の発明

1904年には「フレミングの法則」で有名なイギリスの電気技術者**ジョン・フレミング**によって**2極管**が発明されます。2極管は陽極と陰極をもつ最も単純な構造の**真空管**で、ダイオードと同じ整流機能を備えていました。

その後、1906年にはアメリカの電気技術者**リー・ド・フォレスト**が**3極管**を発明します。3極管は陽極と陰極に加えて電子流を制御する格子を備え、二極管にはない**増幅機能**をもっていました。そして3極管は**4極管**、**5極管**へと発展し、真空管が電子装置の中心となっていきます。真空管もラジオや計算機などによく使われたほか、世界初のコンピュータとして知られている**ENIAC**では1万8000本近くの真空管が使用されました。

しかし、真空管には電力消費量が大きく、壊れやすいという欠点がありました。そのため当時は、寿命の揃った真空管を大量に調達することが大きな課題となっていました。

そうしたなか、半導体の歴史において極めて大きな転換点となる出来事が起こります。それは**トランジスタ**（P44～）の発明です。

トランジスタが歴史の転換点に

トランジスタは1947年12月にアメリカのベル研究所で発明されました。トランジスタは電気信号を大きくする増幅機能と、電気を流したり止めたりする**スイッチング機能**をもち、真空管よりサイズも消費電力も小さいという特徴があります。

最初のトランジスタはゲルマニウム上に針を2本立てた**点接触型トランジスタ**と呼ばれる簡素なもので、動作の安定性に乏しく、実用化には不向きでした。しかし1年後、物理学者**ウィリアム・ショックレー**によって動作がより安定した**接合型トランジスタ**が発明され、さまざまな電気回路に使われるようになります。これが今に続くトランジスタの原型です。

そして1950年代に入ると、テキサスインスツルメンツがゲルマニウムではなく、**シリコン**製のトランジスタを開発します。ゲルマニウムは高温動作に弱く、動作可能な温度上限が低いという欠点があるのに対し、シリコンは高温動作がより安定しているため、トランジスタの材料はシリコンが主流になっていきます。

また、1955年には東京・品川の**東京通信工業（のちのソニー）**によって製造された日本初の**トランジスタラジオ**が大いに売れ、技術立国・日本の地位確立の契機にもなりました。

半導体の歴史❶

年	出来事
	鉱石検波器と真空管の時代
1874	ドイツの物理学者ブラウンが鉱石の整流機能を発見
1898頃	ブラウンが鉱石検波器を発明する
1904	イギリスの電気技術者フレミングが2極管を発明する
1906	アメリカの電気技術者ド・フォレストが3極管を発明する
	トランジスタの誕生
1947	アメリカのベル研究所で点接触型トランジスタが発明される
1948	アメリカの物理学者ショックレーが接合型トランジスタを発明
1950代	テキサスインスツルメンツがシリコン製のトランジスタを開発
1955	東京通信工業（のちのソニー）が日本初のトランジスタラジオを製造

整流機

真空管

点接触型トランジスタ

半導体の誕生と発展の経緯②

トランジスタの登場を機に大きく飛躍した半導体は、ICの発明によって、さらに進化しました。

IC技術が発明される

半導体をさらに発展させたのが**IC（集積回路）**の発明です。

1950年代末、テキサスインスツルメンツで働いていた電子技術者**ジャック・キルビー**は、同僚が夏休みで不在の間に研究を続け、1つの半導体基板上にトランジスタやコンデンサなどの素子を集積するアイデアを考案。それと同時期に、当時フェアチャイルドセミコンダクターで、のちにインテルを創業する電子技術者**ロバート・ノイス**もICを開発したため、2人がICの発明者とされています。キルビーは2000年にノーベル物理学賞を受賞しました。

1965年には電子技術者**ゴードン・ムーア**が「半導体の集積率は18ヵ月で2倍になる」という業界の経験則（**ムーアの法則**）を自身の論文上で提唱しました（P180〜）。この法則のとおり、半導体の微細化がなされ、トランジスタの小型化・高性能化が進みました。電卓が普及したのもICの活用によるものです。

1968年には、ノイスやムーアが中心となって、**インテル**が創業されます。当初、インテルはメモリ企業で、世界初の1Kビットメモリを開発していましたが、1971年に画期的な開発がなされました。世界初の**マイクロプロセッサ**の**インテル4004**の誕生です。

電卓の開発競争が激化するなか、日本の電卓メーカー**ビジコン**の依頼を受けたインテルは、汎用的な処理ができるCPUの開発を目指し、4004を含む4種類のチップを製造。このマイクロプロセッサの登場により、コンピュータの大幅な小型化が実現できるようになりました。そして、これがのちにインテルがCPUメーカーとして半導体のトップ企業となる契機となったのです。なお、4004の開発にあたっては、ビジコンの社員であった**嶋正利**（しままさとし）も大きな貢献をしました。

ICの集積度を高めたLSI

それから5年後の1976年、日本で官民合同の**超LSI技術研究組合**が発足します。

LSIとは、ICの集積度を向上させた大規模集積回路（Large（ラージ） Scale（スケール）

Integrated circuit=LSI）のことで、LSIの超高集積を可能にしたものが超LSIと呼ばれていました。

超LSI技術は将来のコンピュータ開発の要となるとされ、競合する大手電機メーカー5社、すなわち日立製作所、日本電気、三菱電機、富士通、東芝がプロジェクトに参画し、研究開発を進めました。その結果、**高速電子ビーム露光**や**光学ステッパ**といった画期的な**半導体製造装置**が誕生しました。

こうした装置の登場によって微細加工が可能になり、高品質・低コストの半導体製品が生産されていきます。そして1980年代には、汎用コンピュータ向けの日本製**DRAM**が世界を席巻することになったのです。

半導体は、その後も進化を続けます。1980年代に10万～1000万個の半導体素子を集積していたLSIが、90年代には1000万個以上に拡大。2000年代には携帯電話向けをメインとして、2010年代にはスマートフォン向けをメインとして、さらに複雑化していきました。

半導体の発展の過程においては、技術的な壁がいくつも立ち塞がってきました。しかし、そのたびに研究開発者たちは多大な努力によって乗り越えてきました。2023年現在の最先端半導体の1つは、アップルの**M2Ultra**チップ。これはTSMCの5nmプロセスを使用し、1チップに1340億個ものトランジスタを集積しています。半導体は150年ほどの間に、凄まじい進化を遂げたのです。

半導体の歴史❷

年	出来事
	ICの登場
1959	アメリカの電子技術者ジャック・キルビーがIC（集積回路）を発明
	キルビーと同時期にノイスもICを開発した
1965	アメリカの電気工学者ムーアが「ムーアの法則」を提唱
	マイクロプロセッサの登場
1971	インテルが世界初のマイクロプロセッサ「インテル4004」を開発
1976	日本で官民合同の超LSI技術研究組合が発足する
1980代	ICの集積度が進み、LSI（大規模集積回路）へと飛躍する
	汎用コンピュータ向けの日本製DRAMが世界を席巻する
1990代以降	ICの高機能・多機能化がさらに進む

キルビーのIC

インテルの4004

「日の丸半導体」の栄枯盛衰

半導体産業は日本の技術力によって大きく成長しましたが、日本の半導体産業は大きな浮き沈みを経験します。

1980年代は日本の黄金期

半導体産業の発展は、半導体を生んだアメリカとともに日本の存在を抜きに語ることはできません。1980 年代、日本の半導体は国際競争力が非常に強く、世界を席巻していました。

経済産業省の資料によると、日本は1988 年における世界シェアの50.3%を占めていました。翌年のメーカー別売上ランキングでも、トップが日本電気（NEC)、2 位東芝、3 位日立製作所と、上位 3 社を日本勢が独占。さらには6 位富士通、7 位三菱電機、8 位松下電子工業と、上位 10 社のうち 6 社までが日本のメーカーでした。1995 年のランキングでも 2 位 NEC、3 位東芝、4 位日立製作所、8 位富士通、9 位三菱電機となっており、日本勢が過半数を占めています。

このように日本の半導体産業が好調だった要因としては、何よりも信頼性

日本の半導体産業のシェアの推移

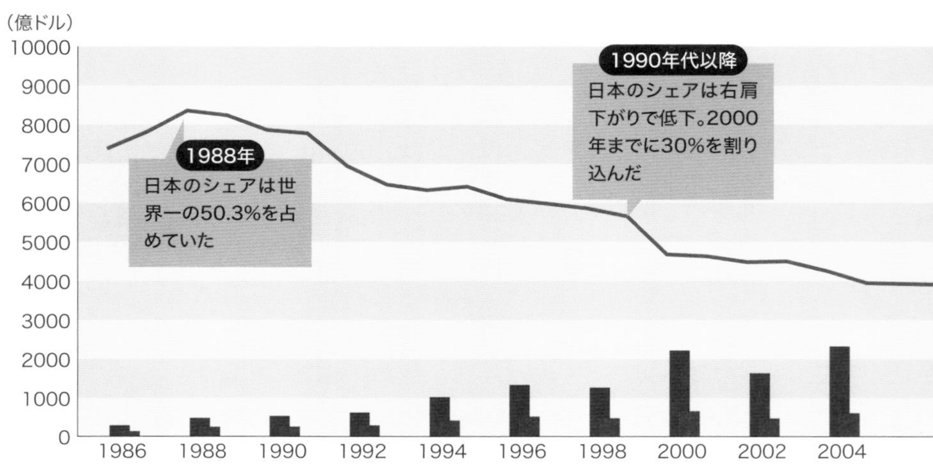

の高さが挙げられます。たとえば汎用コンピュータや電子交換機に使用されていたDRAMに関しては、日本企業の不良率がアメリカ企業よりも1桁小さかったといわれています。

また、当時の日本では総合電機メーカーが半導体製造を担っていました。自社の一部門で、あるいは自社グループ内で材料の調達から製造までを行い、それを自社の電気製品に使って販売していました。メイド・イン・ジャパンの家電やAV機器が世界中で売れていた時代ですから、半導体のシェアも向上しました。こうした構造が日本の半導体の国際競争力を高めていたのです。

ところが1990年代後半以降、日本のシェアは低下していきます。2000年までに世界シェアの30%を割り込み、2019年には10.0%にまで低下、メーカー別売上ランキングで上位10社に入っているのは9位のキオクシアしかありません。なぜ、日本の半導体産業は凋落(ちょうらく)してしまったのでしょうか？

日本凋落を招いた要因とは？

日本の凋落は、いくつかの要因が重なって起こったと考えられています。

最も大きかったのは、1986年に日米間で締結された**日米半導体協定**です。これは日本製の半導体のダンピング防止、すなわち採算を度外視した低い価格で輸出させないことを目的とする取り決めで、10年間にわたり維持されました。さらに1991年の改訂時には、

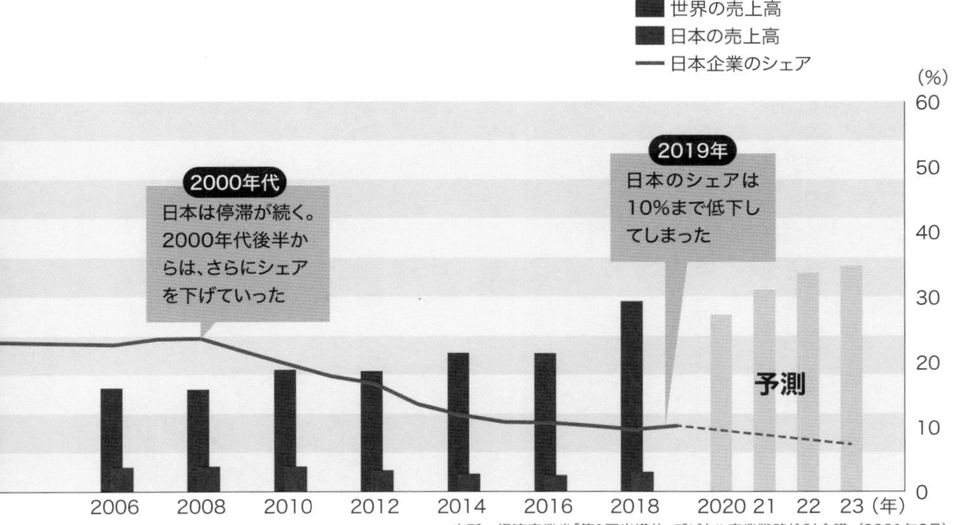

出所：経済産業省「第1回半導体・デジタル産業戦略検討会議」(2021年3月)

日本市場における外国製半導体のシェアを10%から20%以上への拡大を義務づける条項も加えられました。結果、日本が大きな打撃を受けたばかりか、国を挙げて半導体産業を育成しようとしていた韓国や台湾のシェア拡大にも貢献してしまったのです。

半導体業界の構造にも問題がありました。先に述べたように、日本の半導体事業は1990年代まで総合電機メーカーの一部門として行われていました。そのため、経営トップが半導体ビジネスに精通しているわけではなく、投資のタイミングや規模について適切な判断ができなかったのです。

当時の半導体ビジネスには**シリコンサイクル**と呼ばれる数年単位での好不況の波があり、不況時に投資を行って生産能力を高め、好況時に販売してシェアを拡大する方法がセオリーのようになっていました。しかし、バブル崩壊後の日本では大規模な投資が控えられ、戦略的な経営ができませんでした。その一方、韓国や台湾では経営トップの強烈なリーダーシップのもとでリスクを恐れない大胆な投資が続けられ、シェア拡大に成功しました。

信頼性の高さが足かせに

日本凋落の要因はほかにもあります。それまで日本の強みであった信頼性の高さが足かせになったのです。

1990年代半ば以降、Windowsの登場などにより個人向けコンピュータ用のDRAMの需要が増加しましたが、

半導体メーカー売上の推移

1989年の売上ランキング	
1位	日本電気(NEC)
2位	東芝
3位	日立製作所
4位	モトローラ
5位	テキサスインスツルメンツ
6位	富士通
7位	三菱電機
8位	インテル
9位	松下電気工業
10位	フィリップス

上位10社中
6社が日本勢

2019年の売上ランキング	
1位	インテル
2位	サムスン電子
3位	SK
4位	マイクロン
5位	ブロードコム
6位	クアルコム
7位	テキサスインスツルメンツ
8位	STマイクロ
9位	キオクシア
10位	NXP

上位10社に入っているのは
1社のみ

それにはそこそこの品質で低価格のDRAMが求められました。当時の日本のメーカーは品質を高めるためにフォトマスクを20枚以上使っていたのに対し、韓国のメーカーは15枚以下しか使わずコストを抑えていたとされています。結果的に高コストの日本製DRAMはパソコン用としては過剰品質とみなされ、敬遠されることになったのです。

過去の成功体験に縛られた国家プロジェクトも足かせになりました。

前項で紹介した官民合同の超LSI技術研究組合が半導体製造装置やDRAMの発展につながったため、政府や経済産業省は1990年代後半から2000年代にかけて同じスキームを組んで復権を目論みました。しかし1970年代とは異なり、参画する企業ごとに求める技術や開発の内容が違っていたり、企業間の利害調整が難しかったりして目立った成果が得られず、ことごとく失敗に終わったのです。

もうひとつ、日本の半導体メーカーがビジネスモデルの変化に乗り遅れたことも見逃せません。

1990年代半ば以降、世界では垂直統合型（IDM）の事業形態から、ファブレス企業やファウンドリ企業、OSAT企業などによる水平分業型の事業形態に変わっていきました。この流れに日本の多くのメーカーが対応できず、業績を悪化させ、業界からの撤退や統合を強いられました。

日の丸半導体凋落の背景には、こうした複数の要因があったのです。

日の丸半導体凋落の5つの要因

業界の構造的問題

総合電機メーカーが半導体事業を自社の一部門として行っていたため、経営トップが投資すべきタイミングを見抜けなかった

過剰品質と敬遠された

そこそこの品質で低価格のDRAMが求められるなか、日本製は高品質で高コストであったため、外国メーカーに敬遠された

日米半導体協定の締結

不平等な協定を結ばされたことにより、日本の半導体産業は大きなダメージを受け、それが韓国や台湾のシェア拡大にもつながった

国家プロジェクトの失敗

1970年代と同じようなスキームで復権を目指したものの、企業間の利害調整が困難を極めるなどして失敗してしまった

事業形態の変化に乗り遅れた

世界が垂直統合型から水平分業型へとモデルチェンジするなか、日本のメーカーはその流れに乗り遅れ、業績を悪化させた

台頭する東アジア諸国

日本に続き、韓国、台湾、中国などが半導体大国に。その成長要因は何だったのでしょうか。

東アジアの時代が到来

現在、半導体の生産は**台湾**、**韓国**、**中国**といった東アジアの国に集中しています。先に紹介したように、2021年における地域別の半導体生産割合は韓国が23％、台湾が21％、中国が16％、日本が15％と、東アジア地域が全体のシェアの7割以上を占めています。この地域のほかにはアメリカ、ヨーロッパ、イスラエルなどに点在しているだけです。

これと同じような状況が、ファウンドリ企業の売上高シェアからもみてとれます。シェアの1位は台湾のTSMC、2位は韓国のサムスン電子、3位は台湾のUMC、4位はアメリカのグローバル・ファウンドリーズ、5位は中国のSMICと、上位5社中4社が東アジアの国の企業です。

なぜ、東アジアの半導体産業の競争力はここまで高くなったのでしょうか。

半導体産業中心地の移り変わり

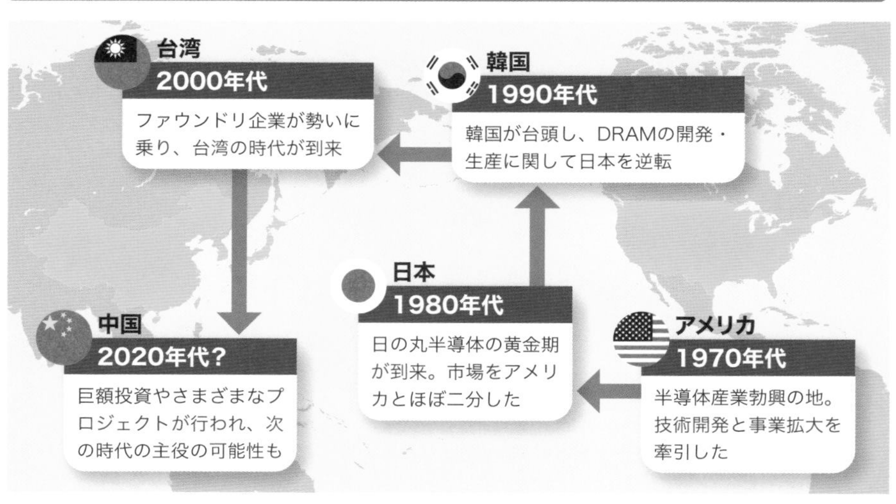

アメリカ
1970年代
半導体産業勃興の地。技術開発と事業拡大を牽引した
日本
1980年代
日の丸半導体の黄金期が到来。市場をアメリカとほぼ二分した
韓国
1990年代
韓国が台頭し、DRAMの開発・生産に関して日本を逆転
台湾
2000年代
ファウンドリ企業が勢いに乗り、台湾の時代が到来
中国
2020年代？
巨額投資やさまざまなプロジェクトが行われ、次の時代の主役の可能性も

東アジアの国の育成過程

1960〜70年代、東アジアや東南アジアの国で、半導体製造の後工程を担う工場がつくられました。

その後、韓国ではサムスン、ヒュンダイや、LG グループといった**財閥系企業**が強力な**トップダウン**により、半導体産業の事業化を推進。とくにサムスン電子は、1983 年に半導体事業新規投資計画を発表するなどして、半導体事業に注力していきました。国としても半導体を戦略産業とみなし、育成を後押し。その結果、韓国の半導体産業は大きく成長したのです。

台湾では**半官半民**のような形で半導体産業が育成されました。1970 年代前半に**工業技術研究院（ITRI）**を設立すると、アメリカの RCA からの技術導入により、パイロットラインを建設しました。ここからスピンオフして 1980 年に創設されたのが **UMC** です。さらに 1987 年には ITRI 院長**モリス・チャン**氏が **TSMC** を立ち上げています。

中国でも政府主導で半導体産業の育成が図られましたが、その多くは失敗に終わっていました。しかし、2000 年代前半から多くの半導体生産拠点がつくられ、中央・地方政府、民間基金などから巨額の投資がなされたり、設計企業が次々と起業したりした結果、半導体産業は飛躍を続けています。

各国とも経済成長する過程で半導体に目をつけて戦略的に育成したことにより、半導体大国となったのです。

東アジアの半導体産業の発展要因

韓国
財閥系企業がトップダウンで半導体産業の事業化を推進。国も半導体を戦略産業とみなして育成を後押しした
中国
多数の半導体生産拠点がつくられ、中央・地方政府、民間基金などが巨額投資を実施。設計企業の起業ラッシュもあり、半導体産業は急速に成長中
台湾
工業技術研究院（ITRI）が設立され、アメリカから導入した技術でパイロットラインを建設。ITRIからはUMCやTSMCが生まれた

世界的な半導体不足

2020年から世界中で深刻になった半導体不足。それはコロナ禍や貿易摩擦などが原因でした。

半導体不足が世界に蔓延

半導体はスマートフォンやパソコン、家電、自動車など、日常生活・社会生活に必要な電子製品の製造に欠かせません。そのため半導体が不足すると、多方面に大きな影響を及ぼします。そうした**半導体不足**が近年、世界的な問題となっています。

半導体不足は 2020 年の秋頃から騒がれはじめました。日本では強みとしている自動車産業への影響が顕著で、メーカー各社の減産や納期の長期化、新車販売台数の低迷がニュースで盛んに取り上げられました。その状況は 2022 年になって少しずつ改善されはじめ、自動車産業も持ち直していきましたが、2023 年の夏時点でも完全には解消しませんでした。

ではなぜ、半導体不足が起こったのでしょうか。その理由としては、大きく 3 つが考えられています。

半導体不足と新車販売台数

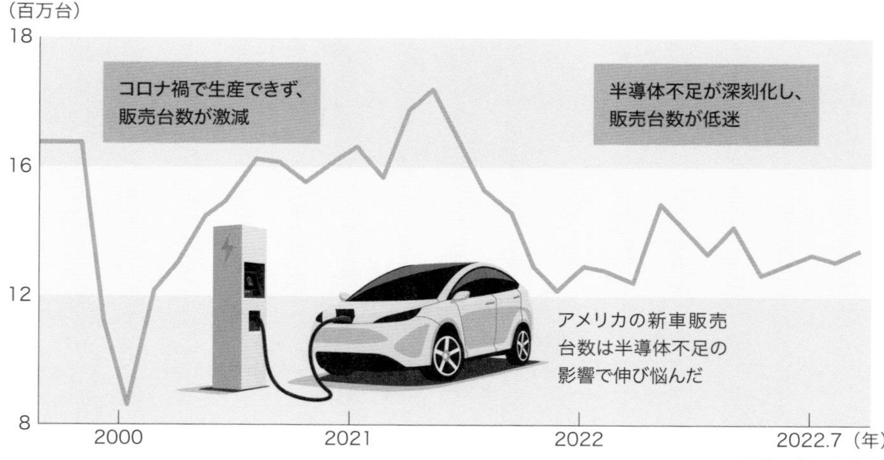
(百万台)
18
16
12
8
コロナ禍で生産できず、
販売台数が激減
半導体不足が深刻化し、
販売台数が低迷
アメリカの新車販売
台数は半導体不足の
影響で伸び悩んだ
2000
2021
2022
2022.7 (年)

出所：ブルームバーグ

コロナ禍などが原因となった

1つ目は、コロナ渦での半導体需要の増加です。　2020年春頃から**新型コロナウイルス**が拡大すると、感染を避けるために在宅勤務を選んだり、外出せず家で過ごしたりする人が増えました。それによってパソコン、スマホ、ゲームなどの電子機器のニーズが高まるとともに、それらをつくるための半導体の需要も急増しました。しかし、半導体はすぐにはつくれません。結果、需要に供給が追いつかず、需給バランスが崩れることになったのです。

2つ目は、各地の工場が相次いでアクシデントに見舞われたことです。たとえば2021年2月、アメリカ・テキサス州で強烈な寒波が発生し、電力供給が途絶えたため、半導体工場は生産を止めざるを得なくなりました。アジアでは台湾で深刻な水不足が生じ、TSMCを中心とするファウンドリ企業が減産を強いられています。日本でも同年3月にルネサスエレクトロニクスの主力工場である那珂工場（茨城県ひたちなか市）で火災が起こり、3ヵ月以上も生産が停止してしまいました。

そして3つ目は、政治的な問題です。アメリカと中国の間で**貿易摩擦**が生じ、アメリカは中国企業に対する規制を強化。それにより、有力なファウンドリ企業として知られる中国の**SMIC**などから輸出される半導体が減少してしまいました（P206〜）。

こうした理由によって、世界で半導体不足が深刻化したのです。

半導体不足を引き起こした3つの要因

要因❶
コロナ禍

新型コロナウイルスの感染拡大により、在宅で過ごす時間が増加。パソコン、スマホ、ゲームなどの電子機器のニーズが高まり、半導体の需要が急増した

要因❷
工場のアクシデント

アメリカ・テキサス州の寒波、台湾の水不足、日本の茨城県ひたちなか市の工場火災などで半導体の生産が止まってしまった

要因❸
政治的な問題

VS

アメリカと中国が対立し、中国への規制がなされ、半導体が減少。また、ロシアとウクライナの戦争で欧米諸国がウクライナ支援のために半導体を提供したことも影響した

アメリカと中国の半導体戦争

世界の覇権を争うアメリカと中国が半導体をめぐって丁々発止の攻防を繰り広げています。

アメリカの中国締め出し戦略

半導体不足の原因のひとつに、アメリカと中国の貿易摩擦があると前頁で紹介しました。アメリカのトランプ前大統領が中国製品に関税を課したことをきっかけに、米中の対立が表面化。この貿易摩擦が次第にエスカレートしていき、**半導体戦争**と呼ばれるような事態に発展したのです。

半導体は通常の電気製品だけでなく、**軍事用**にも使われており、アメリカは中国の軍事システムや諜報システムに先端半導体が用いられることを懸念していました。そうした背景から、アメリカは2019年5月に中国の通信機器最大手**ファーウェイ**を、翌年12月には**SMIC**を貿易取引制限リストに載せます。次いで2022年10月には中国国内で先端半導体を生産できないようにするため、半導体製造装置の対中輸出規制を強化しました。さらには、アメリカ人が中国の半導体工場で勤務することも制限しています。

台湾有事のリスク対策にも抜かりはありません。アメリカは半導体製造を台湾などに大きく依存しています。もし台湾が中国の侵攻を受けるようなことがあれば、半導体不足が深刻化し、甚大な影響をこうむることが明白です。そこでアメリカは、自国内への工場誘致を進めていたのです。

2020年5月には台湾のTSMCがアメリカ・アリゾナ州への進出を発表。2025年から5nmプロセスの生産が開始される見込みです。韓国の**サムスン電子**も2021年11月にテキサス州での新工場建設を発表しています。

反撃に出る中国

中国も黙っていません。2022年10月にアメリカの半導体輸出規制をWTO（世界貿易機関）に提訴しました。

2023年7月には半導体の材料として使われる**ガリウム**や**ゲルマニウム**の輸出規制を打ち出しました。そして「ハイテク分野の規制が強化されるなら、中国の対抗措置もさらに強化される」と述べ、アメリカとアメリカに同調する欧州、日本などを牽制したのです。

こうした大国同士の争いは世界中に影響を及ぼします。激化する半導体戦争の行方に注目が集まっています。

アメリカと中国の半導体戦争

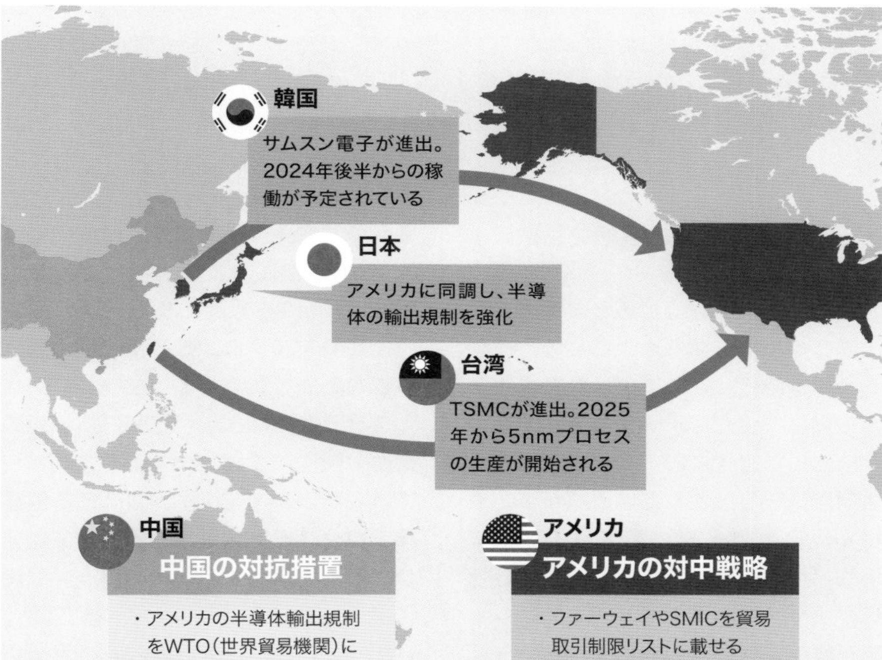

豆知識

TSMCやサムスン電子の米進出の理由

アメリカは2022年にCHIPS法という法律を成立させ、アメリカで先端半導体を製造する企業を対象に投資補助金を支給することにしました。中国との技術開発競争に備えた政策です。これがTSMCやサムスン電子が工場を建設する動機のひとつになりました。

日本の半導体戦略

危機に瀕している日本の半導体産業を復活させるため、経済産業省が３段階での戦略を打ち出しました。

日本半導体産業の復活を目指

現在は、米中をはじめとする大国が半導体の覇権を握るためにしのぎを削る大競走時代。この競争は今後ますます激化していくと予想されます。

そうした時代にあって、日本は世界の潮流に取り残されている感が否めません。日本の半導体産業は 1988 年以降、世界市場でのシェアを減らし続けており、このままだと将来的にシェアがほぼゼロになってしまうという経済産業省の予測も出されています。

この危機的状況のなか、経産省は 2022 年に半導体産業の復活を目指して基本戦略を打ち立てました。国内における半導体製造の基盤を強化しようとするものです。

復活に向けた3ステップ

経産省の戦略は、３つのステップで進められていきます。

ステップ１は、IoT 用半導体生産基盤の緊急強化。海外の半導体企業の工場を誘致して先端半導体を安定確保できるようにするとともに、既存の製造拠点の強靭化を進めます。具体的には台湾の TSMC の工場を熊本に誘致したり（P210～）、キオクシアの四日市工場やマイクロンの広島工場の設備投資を助成したりしています。

ステップ２は、次世代半導体技術の習得・国内での確立です。前工程としては、ビヨンド 2nm と呼ばれる最先端プロセスをアメリカと協力して開発し、それを量産するための拠点を国内に設立（P212 ～）。一方、後工程としては、3D 実装技術の開発のために TSMC と国内企業で設立した TSMC ジャパン 3DIC 研究開発センターに補助金を支給しています。

ステップ３は、グローバルな連携強化による光電融合技術などの将来技術の実現です。従来は通信はフォトニクス（光）技術、情報処理はエレクトロニクス（電子）技術で行ってきましたが、それを光電融合技術で行うようにし、低消費電力・大容量通信の低遅延を目指します。この光電融合は 2030 年代以降にゲームチェンジャーとなる可能性がある技術とされています。

この戦略が実を結ぶかどうかは、数年後にわかるでしょう。

日本の半導体復権戦略

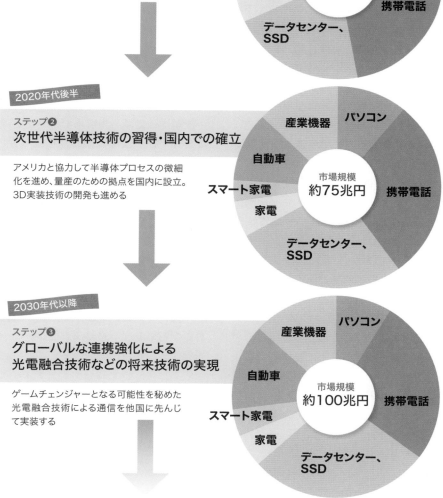

2025年までを目処

ステップ❶
IoT用半導体生産基盤の緊急強化

海外の半導体企業の工場を誘致して先端半導体を安定確保できるようにするとともに、既存の製造拠点の強靭化を進める

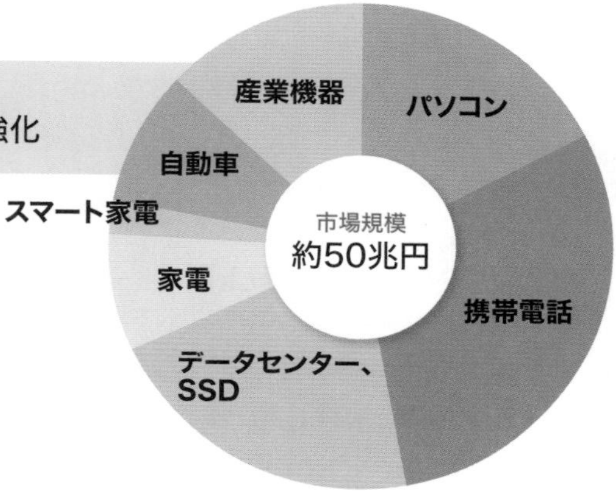

産業機器
パソコン
自動車
スマート家電
市場規模
約50兆円
家電
携帯電話
データセンター、SSD

2020年代後半

ステップ❷
次世代半導体技術の習得・国内での確立

アメリカと協力して半導体プロセスの微細化を進め、量産のための拠点を国内に設立。3D実装技術の開発も進める

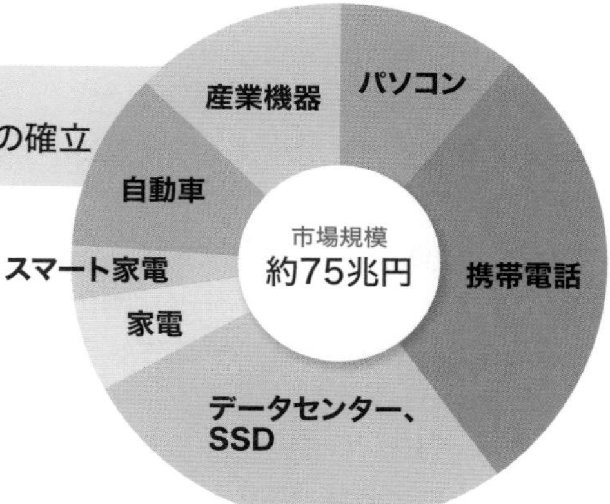

産業機器
パソコン
自動車
市場規模
約75兆円
携帯電話
スマート家電
家電
データセンター、SSD

2030年代以降

ステップ❸
グローバルな連携強化による光電融合技術などの将来技術の実現

ゲームチェンジャーとなる可能性を秘めた光電融合技術による通信を他国に先んじて実装する

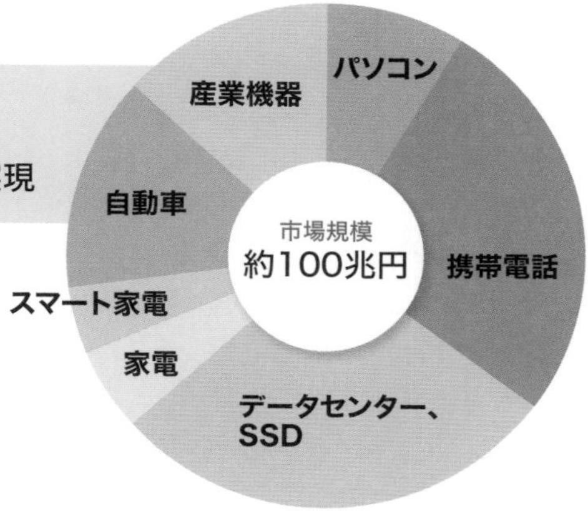

産業機器
パソコン
自動車
市場規模
約100兆円
携帯電話
スマート家電
家電
データセンター、SSD

TSMCの日本進出

業界トップメーカーのひとつTSMCが熊本に工場を新設することになり、日本が湧き立っています。

熊本にTSMCの工場が上陸

日本は半導体産業の復権を目指し、さまざまな方策を実施しています。前項で紹介したように、経済産業省が打ち立てた基本戦略のなかには海外の半導体企業の工場誘致という項目があり、半導体戦略ステップ１の一環として、台湾の **TSMC** の工場が**熊本県菊陽町**に新設されることが決まりました。

TSMC といえば半導体の受託生産で世界一のシェアを誇り、時価総額がトヨタ自動車の約２倍にもなる業界トップメーカーのひとつです。その TSMC が日本に工場を建設するということで、日本国内のみならず世界的にも大きな注目を浴びています。

工場は 2023 年内に完成し、設備の搬入や製造ラインの立ち上げなどが済んだ後、2024 年中に生産がはじまる予定です。TSMC が熊本工場を運営する子会社として設立する **JASM**（Japan Advanced Semiconductor〔ジャパン アドバンスト セミコンダクター〕 Manufacturing〔マニュファクチャリング〕）には、ソニーグループの半導体事業を担うソニーセミコンダクタソリューションズと自動車部品大手のデンソーが出資します。

TSMCが熊本を選んだ理由

近年、世界的な半導体不足が生じ、半導体の安定調達が日本の課題になっていました。また、米中対立が深刻化するにつれて、半導体の戦略物質としての重要性が再認識されていました。

日本としては、先端半導体を安定的に確保できるようにしたいのですが、その製造拠点が国内になく、多くを台湾に依存していました。そこで経産省が中心となって、TSMC の工場を誘致することにしたのです。

TSMC としては、最大顧客であるアップル社の最大サプライヤーが日本企業だからという理由で日本進出を決めたとされています。熊本に選んだのは、九州に半導体関連企業がたくさんあるからです。半導体材料のメーカー、半導体製造装置の開発・管理企業などが近くに位置しており、アクセスがよいことが大きな決め手になりました。それに加えて、半導体製造に欠かせない「水」に恵まれていることもポイントだったといわれています。

熊本工場の誕生が日本半導体復活の起爆剤になることが期待されます。

九州の主な半導体関連施設

多くの半導体関連企業が近くにあるためアクセスがよく、半導体製造に欠かせない「水」に恵まれていることなどが熊本に工場を建設する決め手になった

建設中のTSMC熊本工場。工場新設による熊本県内の経済効果も期待されている

新工場では回路線幅が10～20nm代の半導体が生産される。一般的には10nm以下が先端プロセスとされているが、工場に出資するソニーのイメージセンサやデンソーの車載のロジック半導体としては充分な性能で、需要が高い領域といえる

日本の次世代半導体国産化計画

官民力を合わせてラピダスという製造拠点を設立し、2nm世代プロセスの量産化を目指します。

官民が総力を上げて設立

日本が半導体産業の復活を掲げて進めている基本戦略のなかには、TSMCの工場誘致と並ぶ極めて重要な構想がもうひとつあります。それは**ラピダス**による次世代半導体の国産化です。

ラピダス（Rapidus：ラテン語で「速い」の意味）とは、2022年8月に誕生した半導体の新会社。国からの700億円の支援と、国内の大手企業8社（トヨタ自動車、ソニー、NTT、NEC、キオクシア、ソフトバンク、デンソー、三菱UFJ銀行）からの約73億円の出資を受けて設立されました。経済産業省が打ち出した戦略（P208-9）では、2ステップ目の次世代半導体技術の開発にあたります。

ここまでに何度か述べたように、近年は米中対立やコロナ禍の巣ごもり需要などで半導体不足が続いており、日本でも自動車などの製造業を中心に大

国内の主な半導体工場と政府の支援

きな打撃を受けています。そうしたなか、国内に最先端プロセスの製造拠点をつくって安定供給を実現しようと、ラピダスが設立されたのです。

IBMからの技術提供

ラピダスの工場建設予定地は、**北海道千歳市**に選定されました。国から2600億円の追加支援を受け、2025年の完成を目指しています。

注目されるのはアメリカのＩＴ大手**IBM**との提携です。ラピダスはIBMと共同開発パートナーシップを結び、技術提供を受けます。そしてスーパーコンピュータやAIに活用することを想定した2nm世代プロセスの量産工程開発を行い、2020年代後半には量産化を目指します。今の日本で量産できるのは40nmプロセスまでで、それ以降の技術開発は断念してきました。

ラピダスには巻き返しに向けて大きな期待がかかりますが、課題が山積していることも事実です。たとえば財源の問題。10年間で5兆円といわれる設備投資のための資金を準備しなければなりません。量産化するためにはエンジニアが必要になりますが、その人材の確保も課題です。さらにラピダスでつくる半導体を、何に使うのかというビジネスモデルも不透明です。

それでも、何もしなければ世界における日本の半導体産業の存在感は低下するばかりです。こうした構想が出されたことを好機ととらえ、必ず成功させるべく動くことが大切です。

ラピダスへの期待と不安

期待

- IBMから最先端技術の提供を受け、2nm世代の最先端半導体の開発を進める
- 2020年代後半には2nm世代の量産化を目指し、国内製造拠点に導入する

不安

- 10年間で5兆円といわれる設備投資のための資金を準備しなければならない
- 量産化するためのエンジニア人材の確保・育成を考える必要がある
- ラピダスで製造した最先端半導体の使い道がはっきりしない

千歳工場での2nm半導体量産化までのロードマップについて説明するラピダスの小池淳義社長（2023年4月19日）

会社名	Rapidus株式会社
本社所在地	東京都千代田区
設立日	2022年8月10日
取締役会長	東哲郎（元東京エレクトロン社長）
代表取締役社長	小池淳義（元日立製作所半導体部門本部長）
出資企業	トヨタ自動車、ソニー、NTT、NEC、キオクシア、ソフトバンク、デンソー、三菱UFJ銀行

半導体の未来展望

半導体の需要は今後ますます拡大していくと予想されます。日本は存在感を高められるでしょうか。

半導体なしに成り立たない社会

1874年にドイツの物理学者フェルディナント・ブラウンが鉱石に整流機能があることを発見してから約150年、1947年にベル研究所の一室でトランジスタが発明されてから約80年。その間、半導体と半導体産業は驚異的な発展を遂げました。

現在では1つ数nmのトランジスタが1つのチップに数百億個のレベルで集積されるまでに進化しており、ありとあらゆる電子機器に半導体が用いられています。私たちが便利で快適な現代生活を営むことができるのは、半導体のおかげといっても過言ではありません。

世界の半導体市場も拡大を続け、現在は5800億ドルまで成長しています。この市場規模は今後も伸びていき、2025年には7000億ドル、2030年には1兆ドルになると予測されています。今までの半導体の用途はパソコンやスマートフォン、家電、自動車などが主でしたが、これからその用途がますます広がり、半導体の使用量も右肩上がりで増えていくからです。

今後、増加が見込まれる用途としては、5Gの次の通信規格である6G向け半導体、ChatGPTで話題の生成AI向け半導体、自動車の電動化・自動運転用半導体、IoT用半導体、手首や腕、頭などに装着するウェアラブル端末用半導体などが挙げられます。さらに時代が進むと、すべての産業に実装され、半導体の存在感はより大きなものになるのです。

アメリカと中国の対立をみてもわかるように、半導体は今や国家の戦略物資のひとつとなっており、各国が経済安全保障の観点から半導体生産の振興策を打ち出しています。こうした状況は国際情勢に左右されますが、半導体の大競走時代はしばらく続いていくでしょう。

日本で需要増が見込まれる分野

では、日本の半導体の未来はどうなるのでしょうか？

日本の半導体は1980年代に「メイド・イン・ジャパン」の家電とともに世界を席巻しました。しかし、半導体の需要が家電からパソコンやスマホなどへと移行するなかでシェアを減らしていき、存在感を小さくしてしまいました。

それでも、日本の半導体の復権の可能性はあり得ます。TSMC の工場誘致やラピダス設立など、国を挙げての施策がうまくいけば、台湾や韓国などのようにプレゼンスを高められるかもしれません。

日本の半導体のシェアを向上させるために必要なのは、かつての家電、現在のパソコン、スマホのような大きな需要先です。その意味で、自動運転の自動車やロボティクスが期待されています。そうした分野に半導体が普及することで需要増が見込まれるので、自動車産業やロボティクス産業への支援も重要になってきます。

もうひとつ、日の丸半導体の未来のためには人材育成が不可欠です。

1990 年代後半から 2000 年代にかけて、日本の半導体関連企業は事業の再編・縮小・撤退を進め、数多くのエンジニアをリストラする一方で、新規採用を控えてきました。その影響もあって優秀な学生は半導体業界への就職を避けるようになってしまい、今になってエンジニア不足の問題が生じているのです。

最近では高専や大学、さらに各企業でも人材育成のための取り組みが行われていますが、人を育てるにはどうしても時間がかかり、すぐに結果を出すというのは容易ではありません。長期的な視点に立った継続的な国の支援が求められています。

半導体の広がり

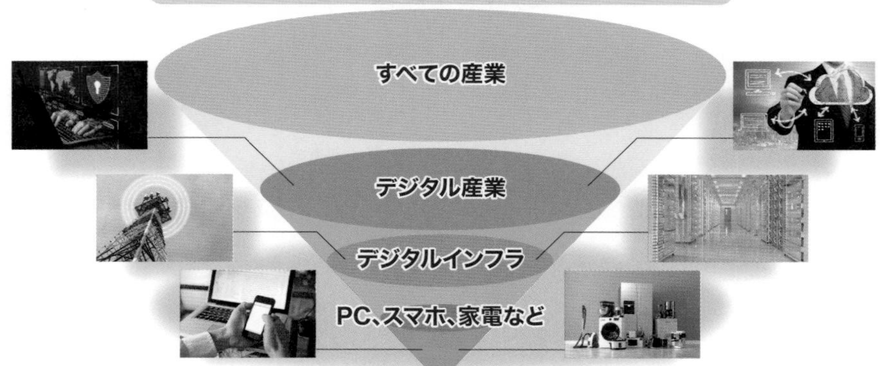
半導体の使用用途はどんどん増えていき、
やがてはすべての産業に実装されるようになる
すべての産業
デジタル産業
デジタルインフラ
PC、スマホ、家電など

さくいん

英数字

あ 行

か 行

さ行

た行

な行

は 行

ま 行

や 行

ら 行

わ 行

著者プロフィール

ずーぼ

半導体プロセスエンジニア。 地方国立大学大学院修了後、半導体関連企業に入社。現在は半導体工場で働きながら、業界情報について発信するブログとYouTubeチェンネルを運営している。YouTube「半導体業界ドットコムch」はチャンネル登録者数1万人を超える。

ブログ：半導体業界ドットコム
https://www.semiconductor-industry.com

YouTube：半導体業界ドットコムch
https://www.youtube.com/@semiconductor-industry/

主な参考文献

『図解入門よくわかる最新半導体の基本と仕組み』西久保靖彦（秀和システム）
『図解入門 よくわかる半導体プロセスの基本と仕組み』佐藤淳一（秀和システム）
『図解入門業界研究 最新半導体業界の動向とカラクリがよ〜くわかる本』センス・アンド・フォース編著（秀和システム）
『「半導体」のことが一冊でまるごとわかる』井上伸雄 蔵本貴文（ベレ出版）
『図解即戦力 半導体業界の製造工程とビジネスがこれ1 冊でしっかりわかる教科書』
エレクトロニクス市場研究会著 稲葉雅巳監修（技術評論社）
『2030 半導体の地政学 戦略物資を支配するのは誰か』太田泰彦（日本経済新聞出版）
『ビジネス教養としての半導体』高乗正行（幻冬舎）
『半導体産業のすべて 世界の先端企業から日本メーカーの展望まで』菊地正典（ダイヤモンド社）
『半導体工場のすべて 設備・材料・プロセスから復活の処方箋まで』菊地正典（ダイヤモンド社）
『半導体戦争 世界最重要テクノロジーをめぐる国家間の攻防』クリス・ミラー著 千葉敏生翻訳（ダイヤモンド社）
『図解雑学 最新 半導体のしくみ』西久保靖彦 （ナツメ社）
「ニューズウィーク日本版」ニューズウィーク日本版編集部著（CCCメディアハウス）
「週刊ダイヤモンド」ダイヤモンド社著 週刊ダイヤモンド編集部編集（ダイヤモンド社）
「週刊東洋経済」週刊東洋経済編集部著（東洋経済新報社）
「週刊エコノミスト」週刊エコノミスト編集部（毎日新聞出版）

写真提供

- アフロ
- iStock by Getty Images
- Shutterstock
- PIXTA

P17 マイコン：Viswesr
P93 フォトマスク：Peellden
P93 EDA：Peter Clifton
P179 酸化ガリウム：Michael A.Mastro et al.
P195 真空管：Gregory F.Maxwell
P197 キルビーのIC：Texas Instruments
P197 インテルの4004：LucaDetomi
P213 ラピダス：東洋経済/アフロ

●編集協力：株式会社ロム・インターナショナル
●本文デザイン：イナガキデザイン
●本文図版・DTP：伊藤知広（美創）
●イラスト：いわせみつよ
●編集担当：山路和彦（ナツメ出版企画株式会社）

本書に関するお問い合わせは、書名・発行日・該当ページを明記の上、下記のいずれかの方法にてお送りください。電話でのお問い合わせはお受けしておりません。
・ナツメ社のwebサイトの問い合わせフォーム
https://www.natsume.co.jp/contact
・FAX（03-3291-1305）
・郵送（下記、ナツメ出版企画株式会社宛て）
なお、回答までに日にちをいただく場合があります。正誤のお問い合わせ以外の書籍内容に関する解説・個別の相談は行っておりません。あらかじめご了承ください。

今(いま)と未来(みらい)がわかる 半導体(はんどうたい)

2024年２月６日　初版発行
2024年９月10日　第６刷発行

著　者　ずーぼ
発行者　田村正隆

発行所　株式会社ナツメ社
東京都千代田区神田神保町1-52 ナツメ社ビル1F（〒101-0051）
電話　03(3291)1257（代表）　FAX　03(3291)5761
振替　00130-1-58661

制　作　ナツメ出版企画株式会社
東京都千代田区神田神保町1-52 ナツメ社ビル3F（〒101-0051）
電話　03(3295)3921（代表）

印刷所　広研印刷株式会社

ISBN978-4-8163-7490-6　Printed in Japan
<定価はカバーに表示してあります> <落丁・乱丁本はお取り替えします>